U0351616

褐煤振动热压脱水-无黏结剂成型机理

张一昕　著

中国矿业大学出版社

图书在版编目（CIP）数据

褐煤振动热压脱水-无黏结剂成型机理/张一昕著.—
徐州：中国矿业大学出版社，2018.1
ISBN 978 - 7 - 5646 - 3765 - 1

Ⅰ.①褐… Ⅱ.①张… Ⅲ.①褐煤－脱水－研究
Ⅳ.①TD926.2

中国版本图书馆 CIP 数据核字（2017）第 270957 号

书　　名	褐煤振动热压脱水-无黏结剂成型机理
著　　者	张一昕
责任编辑	褚建萍
出版发行	中国矿业大学出版社有限责任公司
	（江苏省徐州市解放南路　邮编 221008）
营销热线	（0516）83885307　83884995
出版服务	（0516）83885767　83884920
网　　址	http://www.cumtp.com　E-mail：cumtpvip@cumtp.com
印　　刷	徐州中矿大印发科技有限公司
开　　本	787×960　1/16　**印张** 7.5　**字数** 150 千字
版次印次	2018 年 1 月第 1 版　2018 年 1 月第 1 次印刷
定　　价	29.00 元

（图书出现印装质量问题，本社负责调换）

前　言

　　中国褐煤已探明储量约 1 300 亿 t，占全国煤炭储量的 13％，是中国以煤炭为主导的能源体系的重要组成部分。近年来，中国对于褐煤的开采逐渐增加，褐煤成为部分区域的主要能源。褐煤具有反应活性高、挥发分含量高、污染物含量低等优势，具有广阔的应用前景。然而褐煤的水分含量高，部分褐煤的含水量高达 50％ 以上，褐煤脱水成为褐煤高效利用的必要前提，开发高效的褐煤脱水技术具有重要意义。

　　褐煤脱水技术可分为蒸发脱水和非蒸发脱水。蒸发脱水中水分以气态方式脱除，大量能量消耗于水分汽化过程，脱水能耗高，且脱水后褐煤易粉化、易复吸、易自燃，不利于存储和长距离运输。与蒸发脱水相比，非蒸发脱水过程中水分以液态形式脱除，无须消耗汽化潜热，从而脱水能耗低。非蒸发脱水技术主要有溶剂萃取脱水技术、水热脱水技术和热压脱水技术。溶剂萃取脱水技术的研究还处于实验室阶段，澳大利亚褐煤洁净技术发电联合研究所（CRC）在 1 t/h 规模上对热压脱水进行了中试研究，研究表明，热压脱水技术比水热脱水技术更节省成本，同时具有更高的效率，并形成型煤，能够有效抑制脱水后褐煤复吸、自燃，是一种具有大规模应用潜力的非蒸发脱水技术。

　　热压脱水过程可分为两个阶段，即恒速率脱水阶段和恒压脱水阶段。在恒速率脱水阶段，孔隙中水所承受的压力逐渐降低，固体颗粒骨架所承受的压力逐渐增加，直至孔隙中水分不再承受压力，脱水主要发生在此阶段。而完成恒速率脱水阶段所需要的时间和煤料初始高度的平方成正比，当其工业化应用时脱水所需时间会大幅增加，这限制了其应用。研究表明，将振动力场引入热压脱水能够加速其脱水过程，在温度场、机械压力场、振动力场协同作用下能够获得更高的脱水效率和脱水速率，但多能量场间的协同作用更加复杂，褐煤振动热压脱水过程中物性变化特征与无黏结成型机理尚不清晰，能量场分布、强度、作用时段的多重调控与褐煤动态变化的物性特征匹配缺乏理论依据，难以实现脱水效率进一步提升和对褐煤界面稳定性的有效调控。因此，本书对于褐煤振动热压脱水与无黏结剂成型技术机理进行了较为系统的论述，以期能够为褐煤高效脱水技术的研究开发提供参考。

著　者

2017.11

目　　录

1　绪论 ……………………………………………………………… 1
　　1.1　研究背景与意义 ……………………………………………… 1
　　1.2　褐煤脱水研究进展 …………………………………………… 2
　　1.3　褐煤无黏结剂成型技术研究进展 …………………………… 16
　　1.4　研究内容与方法 ……………………………………………… 19

2　褐煤振动热压脱水机理 ………………………………………… 29
　　2.1　温度对振动热压脱水的影响机理 …………………………… 29
　　2.2　机械压力对振动热压脱水的影响机理 ……………………… 39
　　2.3　振动力对振动热压脱水的影响机理 ………………………… 46
　　2.4　振动力对褐煤脱水的促进机理 ……………………………… 52
　　2.5　本章小结 ……………………………………………………… 57

3　褐煤振动热压无黏结剂成型机理 ……………………………… 59
　　3.1　振动热压过程对褐煤无黏结剂成型的作用机理 …………… 59
　　3.2　煤质特性对褐煤无黏结剂成型的作用机理 ………………… 63
　　3.3　本章小结 ……………………………………………………… 67

4　煤炭脱水过程能耗 ……………………………………………… 68
　　4.1　脱水过程能耗研究方法 ……………………………………… 68
　　4.2　脱水过程能耗分析 …………………………………………… 70
　　4.3　羧基对脱水过程与脱水能耗的影响 ………………………… 73
　　4.4　脱水过程能耗数值计算 ……………………………………… 77
　　4.5　本章小结 ……………………………………………………… 80

5　褐煤振动热压脱水过程数值分析与模拟 ……………………… 82
　　5.1　热能对褐煤中水分活化作用分析计算 ……………………… 82
　　5.2　机械压力挤压脱水作用分析计算 …………………………… 86
　　5.3　振动力对脱水促进作用分析计算 …………………………… 91

5.4 褐煤振动热压脱水过程模拟 …………………………………… 92

5.5 本章小结 …………………………………………………………… 96

6 研究结论 ……………………………………………………………… 97

参考文献 ……………………………………………………………… 100

1　绪　　论

1.1　研究背景与意义

　　世界经济的发展导致了能源需求日益增加,化石燃料——煤炭、石油、天然气为世界提供了 85% 以上的能量[1-3]。目前,世界超过 42% 的电力由煤炭提供[4],比例远高于其他燃料;在很多国家这一比例超过 50%,例如美国[5];在中国,这一比例超过了 70%[6]。煤炭价格低廉、能量密度较高,适合作为主要能源使用,但是煤炭的大量消耗导致了 CO_2、NO_x、SO_x 排放过多[7,8],世界范围内超过 35% 的 CO_2 排放来自于煤炭[9]。因此,节能减排技术对于煤炭工业的发展具有重要意义。

　　世界煤炭储量中接近 50% 为褐煤等低阶煤[10],广泛分布在澳大利亚维多利亚州、德国、欧洲中东部、美国北部和中国蒙东、云南地区[11,12]。近年来,中国对于褐煤的开采逐渐增加,褐煤成为部分区域的主要能源[12],褐煤的高效利用对于中国以煤炭为主的能源体系具有重要意义。然而,褐煤的水分含量高,部分褐煤的含水量高达 60% 以上,严重影响了褐煤在燃烧、气化、液化等领域的应用[13,14]。但是,和其他高阶煤种相比,褐煤又具有无可比拟的优势,例如:反应活性高,挥发分含量高,硫、氮、重金属等污染物含量低[13,15,16]。因此,褐煤具有广阔的应用前景,而褐煤高效脱水是实现褐煤大规模利用的必要前提。

　　目前中国开发的褐煤 90% 以上用于燃烧发电[12],采用预干燥技术能够提高褐煤在锅炉中的燃烧效率,电站的效率平均能够提高 2%～4%[17-19]。如果在煤矿即对原煤进行干燥,还能够节省大量的运输成本;如果煤中水分能够从 35% 干燥至 25%,那么在煤的储存、处理和运输环节能够节省 0.19 美元/GJ,对于一个 600 MW 的电站,一年能够节省 7 000 000 美元[10,13]。煤中水分含量降低后,煤颗粒在锅炉中升温更加迅速,有助于提高燃尽率,也能够提高火焰温度[20];在锅炉功率相同情况下,较高的火焰温度能够降低锅炉的尺寸,减少投资[19]。除此之外,干燥之后的褐煤更适合用于配煤燃烧[20],而无须对锅炉进行额外改造,扩大了褐煤的适用范围。因此,研究高效的褐煤脱水技术、探究脱水机理具有重要的意义。

褐煤脱水技术可分为蒸发脱水和非蒸发脱水。在蒸发脱水过程中,褐煤中的水分以气态方式脱除,需要消耗汽化潜热。与之相比,非蒸发脱水技术由于水分以液态形式脱除,无须消耗汽化潜热,从而脱水能耗低[14]。非蒸发脱水技术主要有溶剂萃取脱水技术[21-25]、水热脱水技术(HTD)[11,26-32]和热压脱水技术(MTE)[33-40]。溶剂萃取脱水技术的研究还处于实验室阶段,热压脱水技术已经进行了中试研究。澳大利亚褐煤洁净技术发电联合研究所(CRC)在1 t/h规模上对热压脱水进行了中试,研究表明热压脱水技术比水热脱水技术更节省成本,同时具有更高的效率[41],是一种具有大规模应用潜力的非蒸发脱水技术。此外,在热压脱水过程中褐煤形成型煤产品,有助于防止水分复吸、自燃,利于存储、运输,具有其他技术无可比拟的优势。对于热压脱水机理的研究表明脱水过程可分为恒速率阶段和恒压阶段,水分的脱除主要发生在恒速率阶段,而完成恒速率阶段所需要的时间和煤料初始高度的平方成正比[34,37],当其工业化应用时脱水所需时间很可能会大幅增加[42],限制其应用。因此,对热压脱水技术进行改进具有重要意义。

热压脱水过程同时也是对煤颗粒的压实过程,而振动压实能够促进煤颗粒压实[43-45]。与静压压实相比,在振动力的作用下,颗粒间的摩擦力减小,更容易发生相对运动,充实颗粒间的空隙,改善压实效果[44]。在其他条件相同的情况下,与静压压实相比,振动压实能够获得更高的密实度,更低的孔隙率。热压脱水过程中煤颗粒间与颗粒内部的孔隙完全被水分充满[33],孔隙率的降低意味着煤中水分含量的降低。将振动力引入热压脱水有望加速其脱水过程,以获得更高的脱水效率。

本书基于对振动热压脱水工艺的研究,分析了温度场、机械力场和振动力场协同作用下褐煤脱水机制。热压脱水工艺可同时获得型煤产品,但缺乏对于型煤产品特性与热压过程中褐煤成型机理的研究,本书分析了振动热压脱水后褐煤界面性质与型煤特性的关联性,研究了水分脱除过程对型煤特性的影响机制,并探讨了振动力场的作用,为应用振动热压脱水技术获得理想水分含量与型煤特性的产品提供理论支持。褐煤界面与水分相互作用,影响脱水过程能耗,本书研究了褐煤的界面特性对褐煤中水分赋存特性与脱水过程能耗的影响,建立了基于煤质特性的褐煤脱水过程能耗数学模型,分析了褐煤特性对脱水过程影响机制,并在此基础上,建立了基于多能量场协同作用下的褐煤振动热压脱水模型。

1.2　褐煤脱水研究进展

为了实现褐煤及其他低阶煤中水分的高效脱除,针对煤-水间作用机理、不同煤炭的特性和不同的脱水机制进行了大量研究,开发了不同的脱水技术[10,13,15,46-52]。按照水分从煤中脱除的方式可将这些脱水技术分为蒸发脱水技术和非蒸发脱水技术[3,12,53,54],蒸发脱水技术包括回转式干燥、螺旋传送干燥、热油浸渍干燥、射流干燥、微波干燥、流化床干燥等,非蒸发脱水技术包括溶剂萃取脱水、K-Fuel 脱水、水热脱水、机械热压脱水等,如图 1-1 所示。

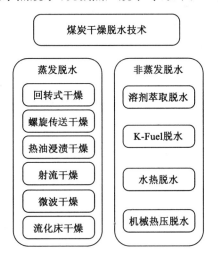

图 1-1　煤炭脱水方法分类

1.2.1 蒸发脱水

（1）回转式干燥[3,55]

回转式干燥器可分为直接加热转筒干燥器、间接加热转筒干燥器和管式回转干燥器。

直接加热转筒干燥器示意图如图 1-2(a)所示。其基本流程是:将一定粒度（<30 mm)的褐煤输送进转筒干燥器,在干燥器内与热烟气直接接触,以对流传热传质的方式加热褐煤,褐煤内水分受热蒸发,从而实现褐煤的干燥。在干燥器内,褐煤物料和热烟气同相移动,即并流操作。并流操作时干燥器出口端褐煤物料和热烟气温差小,有助于减轻颗粒的粉化现象。由于转筒干燥操作过程褐煤物料易粉化,粉尘含量较高,需严格控制热烟气中的氧含量以避免发生着火或爆炸。间接加热转筒干燥器[见图 1-2(b)]圆筒内以同心圆方式排列 1~3 圈加热管,加热管的一端安装在干燥器出口处集管箱的排水分离室上,另一端用可热膨胀的结构安装在通气头的管板上。蒸汽、热水等热载体由蒸汽轴颈管加入,通过集管箱分配给各个加热管,而冷凝水则借干燥器的倾斜度汇集至集管箱内,由蒸

汽轴颈管排出。褐煤颗粒在干燥器内受到加热管的升举和搅拌作用而被干燥,并借助干燥器的倾斜度从较高一侧向较低一侧移动,从设在筒体较低一端的排料斗排出,气化出的水分由风机排出。通过间接加热方式对褐煤进行干燥,降低了着火、爆炸安全隐患,但干燥器结构较复杂,处理能力受到一定限制,进料粒度要求高于直接加热转筒干燥器,一般小于 20 mm。

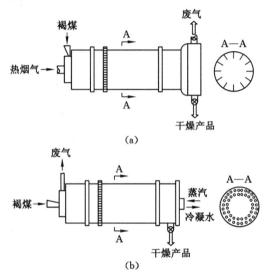

图 1-2 转筒干燥器示意图[55]
(a) 直接加热;(b) 间接加热

管式回转干燥器由间接加热转筒干燥器改进而成,不同之处在于管式回转干燥器褐煤物料走管层,热载体走壳层。管式回转干燥器示意图如图 1-3 所示,基本流程是:褐煤原煤通过布料装置进入筒内的众多干燥管中,煤通过重力和干燥管内螺旋叶片的导流作用在干燥管内运动,在圆筒内干燥管外部通入热载体,通过间接热交换加热干燥管内的褐煤原煤,使煤中所含的水分蒸发逸出,从而达到干燥的目的。与转筒干燥器相比,管式回转干燥器所需热载体的温度较低,一般低于 200 ℃,可降低褐煤自燃的风险;但是管式回转干燥器能处理的煤料粒度较小,一般应低于 6.3 mm,限制了其应用范围。

(2) 螺旋传送干燥工艺

螺旋传送干燥工艺示意图如图 1-4 所示,螺旋传送器置于壳体内,在传送过程中加热褐煤物料并脱除其中水分[56,57]。加热介质可以是热水、蒸汽,或者其他高温热载体,例如:油类、熔盐。设备的外壳和轴可以设计成中空结构,热载体可以从中通过,以使用最小的设备体积获得更大的换热面积。螺旋传送装置具

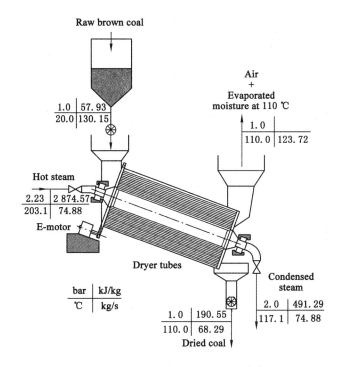

图 1-3　管式回转干燥器示意图[19]

有广泛的适用性,因此螺旋传送干燥器可广泛应用于干燥各种形态固体材料,超细粉尘、块状物、具有黏性的物体和纤维状物体皆可使用此装置进行干燥。螺旋传送干燥装置具有以下优点:可实现间接换热、真空操作,换热效率高等。其单位体积换热效率高于其他干燥装置;由于使用间接加热的方式,降低了干燥过程中着火的可能性;如果使用过热蒸汽、氮气充满壳内空间,或者使用抽真空的方式排出蒸发的水分,螺旋传送干燥工艺可完全避免着火事故的发生。螺旋传送干燥工艺还可以作为多级干燥的一部分使用,使用两级螺旋传送干燥工艺,或者将螺旋传送干燥工艺和其他干燥方式(例如,振动床干燥)合理组合,可获得更好的干燥效果。

（3）热油浸渍干燥

热油浸渍干燥工艺于 20 世纪 90 年代在日本开始应用[58,59],将湿物料加入热油中,加热至水的蒸发温度之上,由于水分沸腾,会在物料表面产生强烈的湍动,物料表面的水分和孔隙间的水分都会快速蒸发,干燥效率高。Ohm 等[58]将热油浸渍干燥工艺应用于废水泥浆干燥,在 160 ℃条件下干燥 10 min,可将来自化工厂、皮革厂和电镀厂泥浆中的水分 80.0%、81.6%、65.4%分别降低至

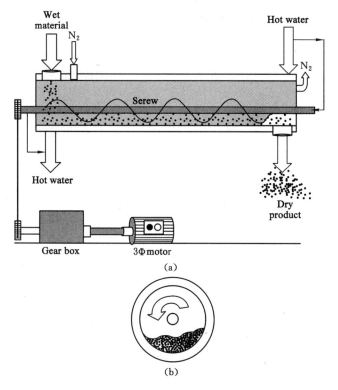

图 1-4　螺旋传送干燥器示意图[56]
(a) 正视图；(b) 侧视图

5.5％、1.0％、0.8％。Ohm 等[58]还对不同品种的油用于浸渍干燥的恒速率干燥阶段时间进行了研究,结果表明油的品种对恒速率干燥阶段时间有影响,时间从长到短分别为:废精炼油、废机油、B-C 重油、废食用油;热油浸渍干燥的最佳温度为 150 ℃。由于干燥效果好,近几年有研究者将热油浸渍干燥工艺应用于低阶煤干燥[3],在 140 ℃下干燥 10 min,可将印度尼西亚褐煤中的水分从32.3％降低至2.0％～3.2％,热值从 3 000 kcal/kg 提高到 6 000 kcal/kg,除此之外,还可以有效降低脱水后复吸,将脱水后的褐煤在温度为 22～25 ℃、相对湿度为 70％～75％的环境中放置 30 d,复吸率仅为 10％。干燥 10 min 之后,褐煤中的水分没有明显持续降低。采用离心分离装置,可将干燥后煤样中的油含量从 15％降低至 8.5％～9.3％[60]。虽然热油浸渍干燥工艺的能量利用效率可高达 95.0％,但所使用的油不易回收,导致成本较高,限制了其应用。热油浸渍干燥与油分离系统如图 1-5 所示。

(4) 射流干燥

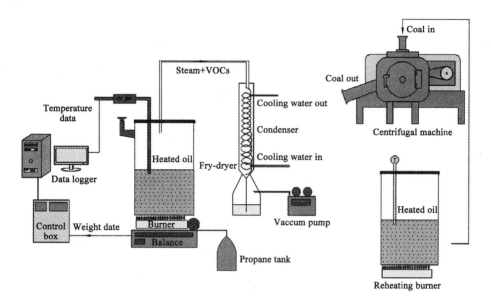

图 1-5 热油浸渍干燥与油分离系统[60]

射流干燥是一种新型闪蒸工艺,适用于颗粒状材料干燥[57]。在射流干燥中,两股气流剧烈碰撞,热量、质量和动量剧烈传递,使得表面水分的快速脱除成为可能。除此之外,射流干燥还具有设备体积小、无移动部件、耐久性好等优点。但是,对系统设计要求高,特别是对进料和射流管的设计,合理的设计可以大幅提高传热效率和水分蒸发速率。Choicharoen 等[61]对射流干燥器的效果进行了研究,结果表明,射流干燥器体积换热效率高达 4 500 W/(m³·K),脱水能耗低至 5.6 MJ/kg。射流干燥工艺示意图如图 1-6 所示。

（5）微波干燥

近年来,微波被越来越多地用于褐煤脱水[62-65]。在微波干燥脱水过程中,由于常温下水的介电常数为 80,而干煤的介电常数一般为 2 到 4,所以分布在褐煤内部的水分在微波的交变电场中能有效吸收微波能。由于微波的穿透性,褐煤内外水分同时受热。在脱水过程中,颗粒间隙、表面及大直径孔中的外在水和毛细管中的孔隙水吸收微波能后,受热汽化膨胀,产生的高温高压蒸汽将通过孔隙结构和颗粒间隙从煤中散逸脱除。含氧官能团附近的分子水则继续吸收微波能,在能量累积到足够破坏水分子与含氧官能团之间的氢键时,水分子脱离煤表面含氧官能团的束缚,汇聚到蒸汽中,在高温高压蒸汽的作用下经褐煤孔隙散逸脱除。在褐煤微波脱水过程中,水分吸收微波能量迅速升温汽化,由于表面较容易蒸发散热,内部复杂孔隙阻碍蒸汽传输,往往是内部温度高于外部,内部压力

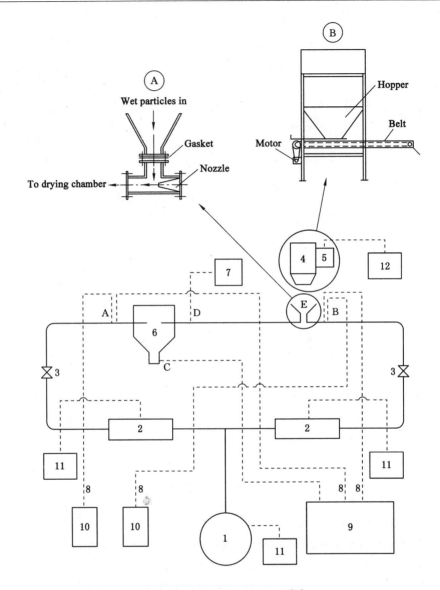

图 1-6　射流干燥工艺示意图[61]

1——高压箱；2——电加热装置；3——球阀；4——带式输送喂料器；5——直流电动机；6——干燥室；
7——速度测量探针；8——测温热电偶；9——温度数据自动记录仪；10——PID 控制器；
11——电量测定仪；12——电压调节器；Ⓐ——进口喷嘴详图；Ⓑ——带式输送喂料器详图

高于外部，形成由内向外的温度梯度方向、压力梯度方向和水分迁移方向，传热和传质方向一致，从而改善干燥过程中的水分迁移条件，大幅缩短干燥时间。褐煤内部水分在汽化膨胀过程中,还会造成褐煤内部孔隙裂纹扩展延伸。伴随内部水分的脱除,水对孔隙的充填支撑作用降低,导致褐煤孔隙内部应力失衡,出现不同程度的坍塌收缩,甚至闭合。同时,由于高温蒸汽与孔隙壁面的传热作用,褐煤温度也在不断升高,当达到一定温度时,分布在孔隙壁面的羧基等含氧官能团受热分解。所以,微波脱水提质后的褐煤由于内部孔隙结构的变化和表面含氧官能团的降低,可以有效防止脱水提质后褐煤的复吸和自燃。

（6）流化床干燥

流化床干燥可使用热空气、热烟气和过热蒸汽作为加热介质[14],煤料从流化床上部进入,气体热介质从下部通入,当气体热介质的速度达到一定值时将产生流化效应,煤料在流化状态下被干燥。根据不同进料和产品要求,可对流化床干燥技术进行不同的设计和组合。流化床干燥技术的优点有:设备占用空间小、投资和维护费用较低、操作简单等;主要缺点有:能耗较高、需要烟气处理装置、物料间摩擦破碎严重、进料颗粒尺寸适用性差。图 1-7 为 WTA 过热蒸汽流化床干燥工艺示意图,在此工艺中,混有煤粉尘的烟气或者蒸汽作为废气被输送到水力旋流器进行分离,分离后的烟气或者蒸汽进入蒸汽压缩机加压后循环使用。WTA 过热蒸汽流化床干燥工艺能够将含有 55％～60％水分的煤干燥至水分含量为 12％[14],Agraniotis 等[66]对一个装有 WTA 过热蒸汽流化床干燥装置的电站进行了评估,与回转式干燥装置相比,WTA 过热蒸汽流化床干燥装置所需投资更低,并且具有更高的热效率。

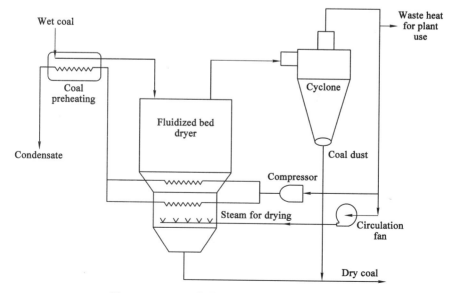

图 1-7 WTA 过热蒸汽流化床干燥示意图[57]

在流化床干燥器内,煤颗粒和烟气或者蒸汽能充分接触,利于热质交换,提高了干燥效率。Jeon 等[67]研究了不同粒度的褐煤在鼓泡流化床中的干燥效果,结果表明,10 min 即可将褐煤干燥至理想状态。Kim 等分析了澳大利亚 Loy Yang 褐煤在流化床中干燥特性和干燥速率,高温、低相对湿度和较高的流化速度有利于干燥进程。Tahmasebi 等[68,69]研究了褐煤在以空气、氮气和过热蒸汽为加热介质的流化床中的干燥动力学,结果表明,褐煤颗粒增大会使扩散系数和干燥速率常量降低,从而降低了干燥效率。Stokie 等[70]发现维多利亚褐煤经过过热蒸汽流化床干燥后复吸率比空气流化床干燥更低。除此之外,还可使用多级流化床对褐煤进行热解提质[71]。

(7) 干燥破碎一体化

目前褐煤主要用于坑口电站燃烧发电,但是中国褐煤最为集中的蒙东地区是典型的"富煤缺水"地区,水资源匮乏严重制约了当地的电源基地建设和经济发展。为此,马有福等[72]提出了一种风扇磨干燥破碎制粉系统的高效褐煤发电技术(见图 1-8),该技术可利用烟气和风扇磨同时实现褐煤的干燥和破碎,且制粉系统运行更安全,并可显著降低褐煤机组发电煤耗,同时还可回收大量原煤中水资源,有望实现"零水耗"褐煤电厂。在实现上述效果的同时,未产生新的污染物排放,电厂投资有所减少,厂用电基本不变。该技术工艺成熟,相关设备已在电厂长期应用,工程上可行,而且与当前以提高蒸汽参数为主要思路的各类发电技术均可组合应用。在大容量高参数的基础上,应用该技术将使高水分褐煤机组的煤耗降至一个崭新的水平。

1.2.2 非蒸发脱水

(1) 溶剂萃取脱水

溶剂萃取脱水可以在较低的温度条件下实现褐煤中水分的脱除,且能耗较低。Miura 等[21]提出了一种用于煤炭溶剂萃取脱水的实施方法与装置,如图 1-9 所示。在此方法实施过程中,水分在热力作用下由煤中转移到溶剂中,水和溶剂的混合物进入分裂装置,通过冷却进行分离。使用萘做溶剂,在 150 ℃下对澳大利亚褐煤进行萃取,可将水分含量从 50% 降至 2%。但是在实验中每次仅使用 200～300 mg 样品,此方法是否能够扩大规模尚有待验证。

超临界二氧化碳也可以用作萃取脱水的溶剂,而且使用超临界二氧化碳作为溶剂时萃取温度更为接近常温[73]。Iwai 等[23,24]使用超临界二氧化碳对印度尼西亚褐煤萃取脱水,脱水装置示意图如图 1-10 所示。液态二氧化碳通过增压泵输送至预热器,增压升温后的二氧化碳进入超临界状态,然后进入萃取单元,与煤样接触并萃取出煤中的水分,然后进入背压控制装置减压,通过含有丁醇的

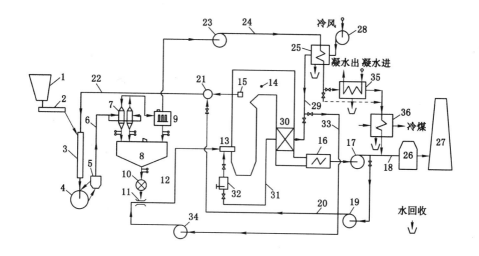

图 1-8　风扇磨干燥破碎一体化高效褐煤发电技术[72]

1——原煤仓;2——给煤机;3——下行干燥管;4——风扇磨煤机;5——粗粉分离器;
6——制粉管道;7——细粉分离器;8——煤粉仓;9——煤粉收集器;10——给粉机;
11——风粉混合器;12——送粉管道;13——煤粉燃烧器;14——锅炉;15——热烟抽口;
16——除尘器;17——引风机;18——烟道;19——冷烟风机;20——冷烟管道;
21——混合室;22——高温炉烟管道;23——乏气风机;24——乏气管道;
25——乏气暖风器;26——脱硫装置;27——烟囱;28——送风机;29——温风管道;
30——空气预热器;31——二次风管道;32——二次风风箱;33——一次风管道;
34——增压一次风机;35——乏气加热器;36——乏气深度水回收装置

管道,使二氧化碳和水分分离。实验结果表明:使用超临界二氧化碳萃取可有效脱除褐煤中水分,而脱水后的褐煤孔结构不会收缩坍塌;若使用甲醇作为夹带剂,可有效降低萃取脱水后褐煤中的水分含量。

(2) 水热脱水(HTD)

水热脱水作为一种非蒸发脱水技术,被广泛用于泥炭、褐煤等低阶煤的脱水与提质研究[11,22,26-31,74-77]。图 1-11 为水热脱水实验装置示意图,煤样和水混合后加入压热器中,密闭后用氮气吹扫以移除空气,然后加热至预设温度(一般为 200~350 ℃),伴随加热而产生的高压阻止了水分的蒸发,使水分在水热脱水过程中保持液态。

Favas 等[26]研究了水热脱水工艺条件对干燥后产品特性的影响,研究表明,在脱水时间、温度、反应器尺寸和煤水混合比例中,只有温度对干燥后产品颗粒间孔隙率有明显影响,孔隙率随着温度的升高而降低。但是,提高温度和反应时间以及降低煤水混合比都会导致分解到水中的有机组分增加,并对产品的元素

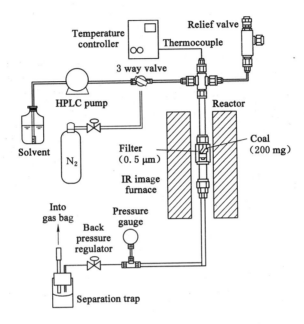

图 1-9　溶剂萃取脱水示意图[21]

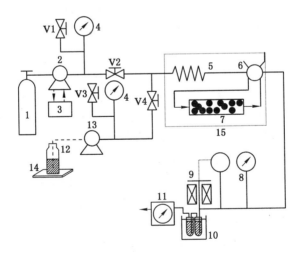

图 1-10　超临界二氧化碳萃取脱水示意图[24]

1——气瓶；2——二氧化碳增加泵；3——冷却装置；4——压力计；5——预热器；
6——换向阀；7——萃取单元；8——压力计；9——背压控制装置；10——冷却器；
11——湿度计；12——夹带剂；13——夹带剂泵；14——电子天平；15——水浴

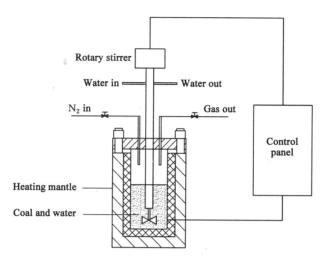

图 1-11 水热脱水实验装置示意图[77]

组成有重要影响。使用粒度大于 50 μm 的煤样所得到的产品孔隙率无明显变化,但是使用小颗粒的煤样会出现团聚作用,使得所获得的产品具有较高的孔隙率。Favas 等[27]还对多种煤在水热脱水提质后的产品特性做了对比,煤阶和煤岩组分是影响热压脱水产品特性的重要因素。基于多种煤样的实验结果表明,干燥后产品的持水能力随着发热量的增加而减少,而发热量增加是煤阶提升的重要表现之一。Racovalis 等[31]研究了水热脱水时间、温度、煤水混合比例和煤岩组分对释放到水中的有机组分的特性与含量的影响,其中煤岩组分起主导作用,随着脱水时间和温度的提高煤样释放到水中的有机质不断增加。在脱水时间相同的情况下,在温度为 250~350 ℃ 的范围内,水中的有机组分浓度随着温度的升高而呈指数增长,在 350 ℃ 时水中的总有机碳含量达到 7 g/L。Nakagawa 等[74]对水热脱水所产生的废水使用镍/碳催化剂进行催化气化,在 350 ℃、20 MPa 条件下可完全气化成富含甲烷和氢气的可燃气体。

HRL 和日本的 COM 曾尝试用水热脱水法进行规模化生产[78],在 20 世纪 90 年代中期建立了 1 t/h 的中试工厂,但是由于一系列的技术、经济、环境问题而停止运行。

(3) 机械热压脱水(MTE)

机械热压脱水由德国的多特蒙德大学提出并进行了相关研究[33],将机械压力与热能相结合,以实现在较为温和的条件下(200 ℃、6 MPa)快速脱水。机械热压脱水实验装置示意图如图 1-12 所示,将褐煤和水混合后加入实验装置的模具内,以确保煤颗粒间的孔隙完全被水分充满,在密闭条件下将煤水浆液均匀加热至预定温度(加热时模具内压力维持在 2 MPa 以上,以防止水蒸发汽化),然后将机械压力提高至预定值,开始热压脱水过程。Bergins[33]研究了机械压力和温度对德国、希腊和澳大利亚褐煤脱水的影响,结果表明 200 ℃、6 MPa 为机械热压脱水的最佳工况,并基于速率过程理论模拟了脱水过程,计算了脱水活化能量。

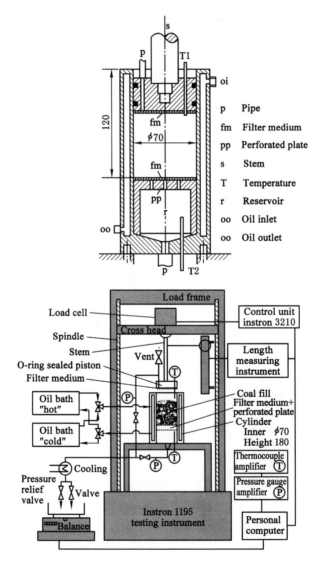

图 1-12　机械热压脱水实验装置示意图

Bergins[34]又提出了机械热压脱水固结阶段和蠕变阶段的流变模型,指出机械热压脱水是基于作用时间延长体积不断减少的过程。机械热压脱水各阶段示意图如图 1-13 所示。在固结的初始阶段,孔隙中的气体在外部压力作用下在很短的时间内被排除,因此此阶段可以忽略。根据 Terzaghi 理论,固结过程可分为恒速率阶段和恒压阶段,在恒速率阶段,孔隙中水所承受的压力逐渐降低,固体颗粒骨架所承受的压力逐渐增加,直至孔隙中水分不再承受压力,脱水主要发生在此阶段。

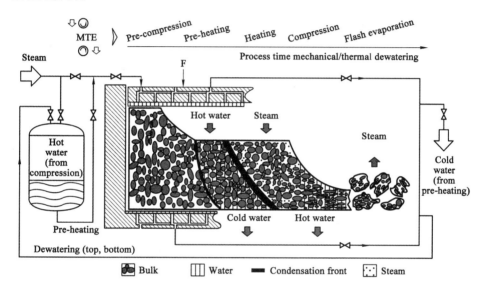

图 1-13 机械热压脱水各阶段示意图

Vogt 等[36]研究了酸处理对机械热压脱水及褐煤物理结构的影响,发现酸处理对水分的脱除及褐煤的物理结构无显著影响,但是促进了褐煤中无机组分的脱除,导致了废水中杂质的增多。机械热压脱水虽能够高效地脱除水分,但是会产生大量的含有酸、盐和有机物的废水,能否简单、高效、节能地处理这些废水将成为机械热压脱水工艺能够得到规模化应用的关键因素。Butler 等[79]使用 Loy Yang 褐煤作为过滤介质处理机械热压废水,大部分的有机碳和矿物离子可以被 Loy Yang 褐煤吸收,且仅需要占脱水褐煤总量 1.4% 的褐煤作为过滤介质。此方法有望成为一种有效的废水处理方法,但是在废水排放之前仍需要进一步降低一些特定的有机质和无机质的含量。

RWE 对机械热压脱水的商业化进行了大量研究、实验[78],证明了机械热压脱水是一种脱水过程能量利用效率高、成本低廉的褐煤脱水技术,于 2001 年建立并成功运行了产能为 15 t/h 的中试工厂。澳大利亚褐煤洁净技术发电联合研究所(CRC)在 1 t/h 规模上对热压脱水进行了中试,研究表明,热压脱水技术比水热脱水技术更节省成本,同时具有更高的效率[41],是一种具有大规模应用潜力的非蒸发脱水技术。此外,在热压脱水过程中褐煤形成型煤产品,有助于防止水分复吸、自燃,利于存储、运输,具有其他技术无可比拟的优势。澳大利亚CRC 在当地褐煤企业和州政府的资助下正在进行 100 t/h 中试装置的研发,其研发的机械热压脱水装置结构没有很多的公开详细信息,但其目标是开发一个连续性更强的操作工艺。但是对于热压脱水机理的研究表明,脱水过程可分为恒速率阶段和恒压阶段,水分的脱除主要发生在恒速率阶段,而完成恒速率阶段所需要的时间和煤料初始高度的平方成正比[34,37],当其工业化应用时脱水所需时间很可能会大幅增加[42],限制其应用。

1.3　褐煤无黏结剂成型技术研究进展

1.3.1　无黏结剂成型实验与工业化

褐煤在使用前需要进行干燥,而很多干燥工艺都会造成褐煤粒度的降低,小颗粒增多,粉化严重。干燥后的褐煤粉尘易自燃、易复吸,严重影响了褐煤的长距离运输和储存,同时粉尘也会导致空气中颗粒物增多,带来严重的环境污染问题。煤炭成型技术可以用于应对这些问题,国内外学者对此进行了大量研究[10,80-87]。

用于煤炭成型的设备繁多,主要有活塞式、螺旋式、卷压式、压球式等[10],可以根据进料粒度、成型压力和温度、生产能力、进料方式的不同需求进行选用。

在煤炭成型中,黏结剂被广泛使用,煤焦油沥青、石油残渣、腐殖酸、糖浆、生物质以及黏土等无机材料都可以作为煤炭成型的黏结剂[78,86,88-93],但是对于褐煤等低阶煤,使用无黏结剂成型技术也可以获得质量较高的型煤产品[80,81,85,94-96]。褐煤的无黏结剂成型是指在不外加黏结剂的条件下,依靠褐煤自身的性质和黏结性组分在外力作用下压制成型煤的工艺过程。

在褐煤无黏结剂成型过程中,成型压力、温度、褐煤粒度分布、水分含量、表面官能团分布共同影响所得到的型煤产品特性[80,81,95]。Sun 等[80]研究了成型条件对型煤抗压强度的影响,成型压力为 88~216.56 MPa 的范围内,型煤抗压强度随着成型压力的增加而增加。成型压力的增加造成颗粒间的摩擦力增加,产生了更多的细小颗粒,填充了较大颗粒间的间隙,增加了颗粒间的接触面积,从而提高了抗压强度。另外,较高的成型压力有助于颗粒间形成机械锁定作用,从而提升型煤的抗压强度[92,97]。成型温度的升高能够软化煤中的沥青质,充分发挥沥青质的黏结作用。Sun 等[80]发现从室温到 150 ℃ 范围内,温度的升高有助于提高型煤的抗压强度;但温度进一步升高会导致褐煤中的水分在长时间的成型操作过程中完全脱除,造成型煤抗压强度降低。褐煤中水分含量对成型效果影响很大,最佳成型水分含量随着煤种不同而有所不同[80-82,98]。水分含量影响颗粒间氢键的形成[80,81],而氢键的多少、强弱是影响型煤抗压强度的关键因素[95]。褐煤表面官能团,特别是羟基官能团和羧基官能团,也能够在颗粒间形成氢键,对褐煤的成型具有重要影响[80,95,96]。

澳大利亚的 CSIRO 开发了一种可商业化应用的无黏结成型技术,并由 White Energy Technology 公司在西澳大利亚洲建立了中试工厂[78]。此技术使煤粉颗粒在特定条件下相互接触,并以类似于颗粒内部结构结合的方式使颗粒互相结合。此成型工艺将热力干燥和辊压成型相结合,能够以烟煤生产出水分含量为 2%～5% 的具有较高强度的型煤。White Industries 和 BHP Billiton 公司在印度尼西亚建立了年产量 100 万 t 的煤炭无黏结剂工厂[78],使用对辊成型机将干燥后的次烟煤进行热成型。除此之外,Kobe Steel 公司开发了 UCB 技术,使用轻质油浆干燥低阶煤,将干燥后的煤送入对辊成型机辊压成型,并使用水蒸气压缩技术回收水分蒸发所消耗能量。基于 UCB 技术在印度尼西亚建立了 6 t/d 的中试工厂,于 2003～2005 年进行示范运行;2008 年又建成 600 t/d 的中试工厂并运行至 2009 年[99]。

国内关于无黏结剂型煤技术的研发较少,余江龙等[87]开发了一套实验室规模褐煤干燥提质与无黏结剂型煤设备,该设备由小型颚式破碎机、小型滚筒干燥设备、小型球磨机、小型水蒸气流化床干燥设备和小型双辊高压型煤机组成。利用该系统对水蒸气干燥后的印尼褐煤和内蒙古褐煤进行了无黏结剂成型试验,得到了质量良好的型煤样品,表明利用水蒸气干燥结合无黏结剂成型技术对内蒙古褐煤进行处理具有可行性。试验中发现褐煤无黏结剂成型强度对煤种的变化十分敏感。型煤吸收水分的速率与原煤相比大大降低。

1.3.2 无黏结剂成型机理

褐煤无黏结剂成型机理目前尚不明确,国内外学者针对褐煤无黏结剂成型机理提出了各种假说[87,100-102],如沥青、腐殖酸、毛细孔、胶体、分子黏合等假说,都认为"自身黏结剂"的存在,是褐煤无黏结剂成型的重要基础。

(1) 沥青假说

沥青假说认为煤中存在的沥青质是煤颗粒相互黏结成型的主要物质,以沥青的胶结作用解释型煤的形成。褐煤沥青由碳氢化合物、醇类、脂肪酸、醚和蜡组成,年轻褐煤的沥青产率可达 20% 以上,随着煤化程度的增加产率不断降低,年老褐煤沥青产率降至 3%,成型试验表明,年轻褐煤易于成型,而年老褐煤较难成型。沥青产率超过 6% 的褐煤,通常易于成型。沥青在 70～90 ℃温度时软化和熔化,变成可塑性物质,在外力作用下褐煤中的沥青将煤粒黏结成型。根据这一假说,煤中所含水分将使煤粒之间的摩擦减轻,使煤粒彼此容易靠近,同时还能防止沥青过热和分解。减小煤炭粒度时,颗粒受热和沥青软化的情况可以得到改善,使压制出来的型煤更为结实。

(2) 腐殖酸假说

腐殖酸假说认为褐煤中含有的游离腐殖酸胶体具有强极性,在成型过程中,外力作用使煤颗粒间紧密接触,具有强极性的腐殖酸分子的存在使煤粒间相结合的分子间力得以加强而成型。年轻褐煤的腐殖酸产率最高,并随煤化程度的增加而降低。腐殖酸产率越高的煤炭,越容易成型。按照这一假说,在压力作用下使煤粒相互间紧密接触时,腐殖酸的分子由于有很强的偶极性,而使颗粒间相结合的分子力得到加强。

(3) 毛细孔假说

毛细孔假说把褐煤看作是硬化的胶体物(胶冻),在其众多的毛细孔中充满水。煤粒内部的微孔是原生毛细孔,而在颗粒间接触点上形成的是次生毛细孔。原生毛细孔的数量和尺寸与煤化程度有关。年轻褐煤的毛细孔比年老褐煤的毛细孔多得多,与此相对应,其水分含量也较高。干燥后的褐煤在压力作用下,部分毛细孔被破坏、压缩;此时,原生毛细孔中的一部分水被挤出,覆盖在煤粒上形成水膜,并充填在煤粒接触点的次生毛细孔中。由毛细孔挤出的水起润滑作用,促使颗粒间的接触更加紧密,并呈现出相互作用的分子力。型煤的压力去掉后,由于弹性作用,被压缩的毛细孔略有扩张,被挤出的水又有一部分吸入到毛细孔中,而另一部分仍留在煤粒接触点上的水,因表面张力的影响而形成弯月状。在毛细管力的作用下,使煤粒结合成结实的块状。毛细孔假说可解释褐煤水分与成型性间的变化规律,但也有局限性。同样是第三纪褐煤,水分均在 50% 以上,产于欧洲、澳洲的褐煤成型性优于中国云南褐煤。此外烘干后水分极低的褐煤在高压下仍能制成型煤,此时毛细管力消失,型煤强度仍然很高。

(4) 胶体假说

胶体假说认为褐煤是由固液两相组成的,固相由 10^{-5}～10^{-3} mm 胶态腐殖酸微粒组成。在压力作用下使这些粒子靠紧时,产生分子内聚(黏附)力,于是形成腐殖质的亲极性基因。这种内聚力显有电性,使液体与晶体分子相联系,组成胶冻的胶体粒子。这种作用力被称为次化合价力,比纯化学结合的主化合价力弱,且不饱和,因而胶体粒子表面的物理化学活性高。不同褐煤的次化合价力不同,与褐煤自身性质及煤化程度有关。在压力作用下胶体粒子相靠近的程度,决定着型煤的强度。粒子越小,单位重量的表面积越大,则表面黏合力也越大。胶体假说在很大程度上将毛细孔与腐殖酸假说统一起来,并给予补充,能够较好地解释成型的机理。按照胶体假说,煤的胶体结构使得煤粒得以黏合成型,但金属粉末、盐类晶体等非胶体物料也易成型,因而用胶体结构来表示褐煤并不合适。此外,目前多数研究者认为,褐煤是不规则的、非晶形的高分子聚合物,而非胶体。

(5) 分子黏合假说

分子黏合假说是由苏联的纳乌莫维奇提出的。该假说认为粒子间的结合,是在压力作用下,粒子间由于接触紧密,而出现分子黏合现象的结果。分子黏合力与颗粒的自然性质以及接触面的尺寸有关。这种力的作用,对颗粒表面吸附的水分没有影响。当被压制的物料中没有毛细水分时,制成的型煤中颗粒的结合最牢;在有毛细凝结水分时,颗粒间的聚合力减弱。

斯维亚捷茨和阿格罗斯金发现粒度为 0～6 mm、干燥至最佳水分 18％～19％的褐煤用冲压机成型后,颗粒的内部除了吸附水分外,还含有毛细孔水分。然后他们测定了经过不同程度干燥后每种粒度颗粒内部毛细孔的尺寸以及为了挤出毛细孔水分所需施加的外部压力,从而确定所需的外压力等于各种粒度颗粒在成型时为了获得最大型煤强度的最佳成型压力。这说明,褐煤成型既有分子力也有毛细孔力在起作用。由原生毛细孔中压挤出来的水分充填到颗粒之间的空隙中,形成次生毛细孔吸附力,由各种粒度颗粒压制成的型煤强度与毛细孔水分含量有关。这种新的分子-毛细理论可以较好地解释褐煤成型的机理,使得型煤生产中的许多现象和规律得以解释。

现有褐煤无黏结剂成型机理还不够完善,只能基于实验结果进行解释分析探讨,缺乏对于褐煤硬度、弹塑性及表面性质等物理及物理化学性质差别对成型性影响的定量分析,缺少基于褐煤微观结构性质对无黏结剂成型机理的研究,还需要进行大量工作对褐煤无黏结剂成型机理进行发展和完善。

1.4 研究内容与方法

1.4.1 研究内容

本书利用振动热压脱水工艺实验平台,研究温度场、机械力场和振动力场协同作用下褐煤脱水机制,测试所获得型煤产品特性,分析振动热压脱水过程中褐煤成型机理,研究褐煤界面特性对脱水过程能耗的影响,分析褐煤界面特性对脱水过程影响机制,并在此基础上,建立褐煤振动热压脱水模型。技术路线图如图1-14 所示。

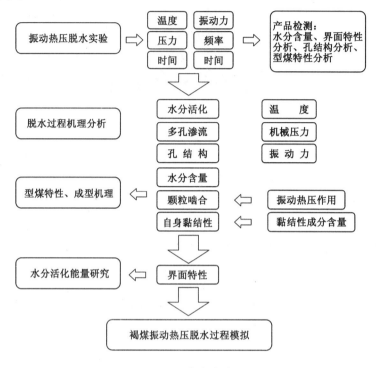

图 1-14　技术路线图

本书具体内容如下:

(1) 基于褐煤振动热压脱水实验平台,研究温度场、机械力场、振动力场协同作用下褐煤脱水规律;测定振动热压脱水处理后褐煤水分含量与赋存状态、元素分析、含氧官能团含量、孔容积与孔径分布;分析温度场、机械力场、振动力场协同作用下褐煤脱水机制,研究振动力场作用下褐煤孔结构变化规律,分析振动对热压脱水的促进机理。

(2) 测定振动热压脱水后所得型煤特性;分析振动热压脱水后所得型煤水分含量与型煤特性的关联性,研究水分脱除过程对褐煤成型特性的作用机制;探讨振动热压作用下褐煤无黏结剂成型机理。

(3) 研究煤特性与脱水能耗、水分活化能量相关性;从低阶煤到高阶煤均匀选取多种煤炭,分别进行工业分析、元素分析,脱除矿物质后采用化学滴定法测定官能团含量;采用 TG-DSC 测定各煤样脱水过程能耗,建立脱水过程能耗数学模型。

（4）基于脱水过程能耗数学模型和温度场下褐煤中水分能量状态的热力学模型确定褐煤中水分的活化状态；建立煤样渗流特性与迁移通道的数值关系；测定分析煤水体系中有效脱水机械压力，建立有效脱水机械压力与有效孔隙率的数值关系；最终，建立褐煤振动热压脱水模型，揭示基于褐煤性质的多能量场协同作用下褐煤振动热压脱水机制。

1.4.2 振动热压实验装置

（1）振动热压实验装置简介

振动机械热压实验装置如图 1-15 和图 1-16 所示，此装置由模具、加热装置、负载液压机构、出料液压机构和振动平台组成。模具的顶部和底部分别有活塞和滤膜，活塞具有多孔的中空结构，以便排除从褐煤中脱除的水分；滤膜为200 网目的金属丝网，以防止褐煤颗粒随水分流出。加热装置覆盖住模具，在模具金属壁面上布置测温点，以控制加热温度。负载液压机构与出料液压机构皆由液压泵站提供压力，并进行压力控制。振动力由振动平台提供，振动平台的水平位置由四根导向柱确定，以防止振动平台发生水平方向的位移；在竖直方向上，振动平台通过弹性橡胶支撑于设备基座上；振动平台下方固定有两台振动电动机，两台振动电动机以相同的速度、相反的方向转动，以消除水平方向的振动力。

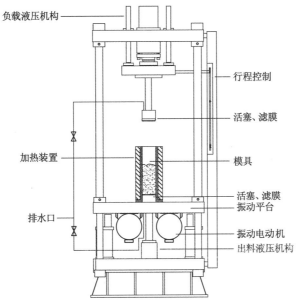

图 1-15　振动热压实验装置示意图

图 1-16　振动热压实验装置外形图

振动电动机的振动力为偏心块转动产生的离心力,按照式(1-1)计算:

$$F_{cf} = m\omega^2 r \tag{1-1}$$

式中　F_{cf}——离心力,N;

　　　m——偏心质量,kg;

　　　ω——角速度,rad/s;

　　　r——偏心块质心转动半径,m。

两台振动电动机的偏心块所产生的离心力在水平方向的分量之和为:

$$F_h = F_{cf}\cos\left(\omega t - \frac{\pi}{2}\right) + F_{cf}\cos\left(-\omega t - \frac{\pi}{2}\right) = 0 \tag{1-2}$$

式中,F_h 为两台振动电动机所产生的离心力在水平方向之和,N。

两台振动电动机的偏心块所产生的离心力在竖直方向的分量之和即为振动力,按照式(1-3)计算:

$$F_v = F_{cf}\sin\left(\omega t - \frac{\pi}{2}\right) + F_{cf}\sin\left(-\omega t - \frac{\pi}{2}\right) = 2F_{cf}\sin\left(\omega t - \frac{\pi}{2}\right) \tag{1-3}$$

式中　F_v——振动力,N;

　　　t——时间,s。

将式(1-1)代入式(1-3)可得:

$$F_v = 2m\omega^2 r\sin\left(\omega t - \frac{\pi}{2}\right) \qquad (1-4)$$

因此,可以通过调节偏心质量实现对振动强弱的控制。

此振动力周期性变化,取其绝对值的极值用于衡量振动力的大小,下面所涉及的振动力的数值表述均为其极值。

(2)操作流程

实验开始之前,先按照实验工况设定调整加热温度、压力、振动电动机偏心质量、频率、振动力、振动时间,然后按照以下步骤操作:

① 将下端排水管出口与模具底部滤膜置于同一水平面,向模具内加入适量水使模具滤膜以下空间充满水,以排出模具底部与排水管路中的空气,然后关闭模具下端排水管路阀门。

② 称取一定质量的褐煤,与水按照质量比 3∶1 混合后加入模具内,确保褐煤颗粒间与颗粒内部空隙被水充满,且水分的存在有助于改善传热,使煤样受热均匀。

③ 负载液压机构驱动活塞下行,当排水管有水流出时立即关闭模具上端排水管路阀门。

④ 加热煤样 20 min 以使煤样达到实验温度,并将压力维持在 2 MPa 以防止水蒸气汽化。

⑤ 开启模具上端和下端排水管路阀门,以实验压力开始脱水,并同时开启振动电动机(按照实验条件确定是否开启),振动热压脱水一定时间后停止压制,并关闭振动电动机。

⑥ 压缩活塞回程,出料液压机构顶出脱水、成型后样品用于分析测试。

⑦ 出料液压机构归位,冲洗模具排水管路,以防堵塞。

1.4.3 分析测试方法

(1)工业分析与元素分析

煤样的工业分析按照 GB/T 212—2008 进行测定,其中水分测定使用空气干燥法,灰分测定采用缓慢灰化法;煤样的元素分析按照 GB/T 476—2008 进行测定。

褐煤振动热压脱水成型实验采用昭通褐煤、小龙潭褐煤和蒙东褐煤作为研究对象;为了进一步研究煤样物理化学性质对振动热压脱水过程中能量消耗的影响机制,补充了胜利高灰褐煤、胜利低灰褐煤、新疆烟煤、宁夏无烟煤作为实验煤种,覆盖了褐煤到无烟煤的煤种范围,以使所获得的实验数据更具代表性。煤样的工业分析与元素分析如表 1-1 所示。

表 1-1 　　　　　　　　　　　煤样的工业分析与元素分析

产　地	昭通	小龙潭	蒙东	胜利（高灰）	胜利（低灰）	新疆	宁夏
煤　种	褐煤	褐煤	褐煤	褐煤	褐煤	烟煤	无烟煤
$M_d/(g/g)$	1.27	0.54	0.50	0.58	0.49	0.05	0.03
$M_{ar}/\%$	55.86	35.16	33.47	36.73	32.86	4.34	2.81
$A_d/\%$	21.3	19.37	20.30	43.80	21.40	18.36	7.99
$V_{daf}/\%$	53.61	46.23	43.79	48.09	44.10	20.38	11.99
$FC_{daf}^*/\%$	46.39	53.77	53.77	51.91	55.90	79.62	88.01
$C_{daf}/\%$	65.74	70.13	77.06	72.21	75.06	82.67	91.38
$H_{daf}/\%$	3.59	3.18	2.41	4.24	4.40	2.98	2.91
$O_{daf}^*/\%$	25.94	22.41	18.16	20.96	18.66	11.96	4.46
$N_{daf}/\%$	1.98	2.02	0.098	1.17	0.74	1.87	0.87
$S_{daf}/\%$	2.75	2.26	1.39	1.42	1.14	0.61	0.38

注：* ——差减法获得；M——水分，A——灰分，V——挥发分，FC——固定碳；ar——收到基，d——干燥基，daf——干燥无灰基。

（2）TG-DSC 测试

TG-DSC 实验采用德国耐驰（NETZSCH）公司 STA409C 型热重分析仪，温度范围为室温至 950 ℃，温升速率为 0.1～50 K/min，天平分辨率为 0.000 1 mg，DSC 采用 S 形热电偶，灵敏度＜1 mW，可在完全相同的测试条件下实现 TG-DSC 同步测试。

（3）孔径分布分析

煤样孔径分布采用压汞法测定，使用仪器为 AUTOPORE Ⅳ mercury porosimeter（Micromeritics）。此仪器压力范围为 3.40～207 MPa，孔径测量范围为 0.006～358 μm。孔径大于 60 μm 的孔为颗粒间孔，小于 60 μm 的孔为颗粒内部孔[39]；大孔和中孔的孔径范围分别为 0.05～60 μm[39] 和 0.006～0.05 μm。IUPAC 认为中孔的孔径下限应为 0.002 μm[103]，而本实验所用仪器由于工作压力限制，测试孔径下限为 0.006 μm，故采用 0.006 μm 作为中孔的孔径下限。

（4）真相对密度测定

样品真相对密度用氦相对密度仪（Ultra PYC 1200e pycnometer，Quantachrome，美国）测定。在测试之前，样品用氦气吹扫 99 次以消除空气的影响。每个样品测定 10 次，取平均值。

（5）孔隙率分析

振动机械热压脱水后褐煤样品的孔隙率为单位质量褐煤总体积和煤所占体积的差值,计算方法如式(1-5)：

$$V_{pore} = \left(\frac{\pi}{4} D^2 H - \frac{m_{coal}}{\rho_{He}} \right) \Big/ m_{coal} \qquad (1-5)$$

式中　V_{pore}——孔隙率,cm^3/g;

　　　D——型煤产品直径,cm;

　　　H——型煤产品高度,cm;

　　　m_{coal}——干燥后型煤产品质量,g;

　　　ρ_{He}——煤样的真相对密度,g/cm^3。

（6）表面官能团红外分析

褐煤中表面含氧官能团通过 Nenus470 型傅立叶红外光谱仪(FTIR)(美国Nicolet)进行测试分析,扫描光谱范围为 $450\sim4\,000$ cm^{-1}。红外光谱主要吸收峰及所对应基团如表 1-2 所示。

表 1-2　　　　　　　　　红外光谱主要吸收峰及所对应基团[12,77]

波数/cm^{-1}	各种峰的归属
大于 5 000	振动峰的倍频或组频(弱)
3 300	氢键缔合的—OH,—NH;酚类
3 030	芳香烃 CH
2 950	—CH$_3$
2 920~2 860	环烷烃或脂肪烃 CH$_3$
1 610	氢键缔合的羰基;具—O—取代的芳烃 C=C
1 460	—CH$_2$和—CH$_3$,无机碳酸盐
1 375	—CH$_3$
1 330~1 110	酚、醇、醚、酯的 C—O
1 040~910	灰分
860	1,2,4-;1,2,(3)4,5-取代芳烃 CH
811	双氢取代 1,2,4-(1,2,3,4,-)取代芳烃 CH
750	1,2-取代芳烃
700	单取代芳烃或1,3-取代芳烃 CH,灰分

分别称取 1 mg 干燥后的煤样和 100 mg 干燥后的溴化钾粉末,放入研钵中研磨均匀;称取 10 mg 煤和溴化钾的混合物使用专用压片设备制成透明薄片,

用样品架固定,置于样品池进行检测。

(7) 酸性官能团定量分析

酸性官能团定量分析采用缓冲溶液法[104-108]。所需试剂如下:

氯化钡/三乙醇胺/盐酸($BaCl_2$/triethanolamine/HCl)缓冲液配制:将 100 mL 三乙醇胺与 2 960 mL 蒸馏水混合,再加入 250 mL 浓度为 1 mol/L 的盐酸,持续搅拌,之后用 HCl 滴定溶液至 pH 值为 8.3,最后加入 532 g 二水氯化钡($BaCl_2 \cdot 2H_2O$),过滤后隔绝 CO_2 密闭保存。

氯化钡/氢氧化钡($BaCl_2$/Ba(OH)$_2$)缓冲液配制:将 195.42 g 二水氯化钡($BaCl_2 \cdot 2H_2O$)和 63.08 g 氢氧化钡(Ba(OH)$_2$)溶于适量蒸馏水中,调整溶液体积至 2 L,过滤后隔绝 CO_2 密闭保存。

氯化钡/氢氧化钠($BaCl_2$/NaOH)溶液配制:将 24.44 g 二水氯化钡($BaCl_2 \cdot 2H_2O$)溶于水中,再加入 60 mL 浓度为 1 mol/L 的氢氧化钠(NaOH)溶液,加蒸馏水调整溶液至 2 L,过滤后隔绝 CO_2 密闭保存。

高氯酸(HClO$_4$)溶液:浓度为 0.2 mol/L 和 0.01 mol/L 的高氯酸(HClO$_4$)溶液。

硼酸钠溶液:浓度为 0.01 mol/L 的硼酸钠溶液。

氢氧化钠(NaOH)溶液:浓度为 0.05 mol/L 氢氧化钠 NaOH 溶液。

指示剂:酚酞。

总酸性官能团测定方法如下:

取 250 mg 左右粒径 200 网目以下煤样,加入 50 mL 氯化钡/氢氧化钡($BaCl_2$/Ba(OH)$_2$)缓冲液;30 min 后过滤溶液,并用 5 mL 氯化钡/氢氧化钠($BaCl_2$/NaOH)溶液冲洗滤纸上煤样 3 次;将煤样与 10 mL 浓度为 0.2 mol/L 的盐酸(HCl)混合;30 min 后过滤溶液,用 10 mL 蒸馏水冲洗煤样 2 次,并将滤液定容至 100 mL;取 20 mL 滤液,使用浓度为 0.05 mol/L 的氢氧化钠(NaOH)溶液滴定至酚酞指示剂显色。

则煤样表面总酸性官能团浓度可按照式(1-6)计算:

$$M_{\text{total acid}} = \frac{(10 - V_{\text{NaOH}}) \times 0.05 \times 5}{m_{\text{coal}}} \qquad (1\text{-}6)$$

式中　$M_{\text{total acid}}$——煤样表面总酸性官能团浓度,mmol/g;

　　　V_{NaOH}——氢氧化钠溶液消耗量,mL。

羧基官能团测定方法如下:

取 250 mg 左右粒径 200 网目以下煤样,加入 60 mL 氯化钡/三乙醇胺/盐酸($BaCl_2$/triethanolamine/HCl)缓冲液;30 min 后过滤溶液,并用 5 mL 蒸馏水冲洗滤纸上煤样 3 次;将煤样与 10 mL 浓度为 0.2 mol/L 的盐酸(HCl)混合;30

min 后过滤溶液,用 10 mL 蒸馏水冲洗煤样 2 次,并将滤液定容至 100 mL;取 20 mL 滤液,使用浓度为 0.05 mol/L 的氢氧化钠(NaOH)溶液滴定至酚酞指示剂显色。

则煤样表面羧基官能团浓度可按照式(1-7)计算:

$$M_{carboxyl} = \frac{(10 - V_{NaOH}) \times 0.05 \times 5}{m_{coal}} \qquad (1-7)$$

式中　$M_{carboxyl}$——羧基官能团浓度,mmol/g。

羟基官能团浓度可按式(1-8)计算:

$$M_{hydroxyl} = M_{total\ acid} - M_{carboxyl} \qquad (1-8)$$

式中　$M_{hydroxyl}$——煤样表面羟基官能团浓度,mmol/g。

(8) 接触角测定

接触角采用量角法测定[29,109],使用 JC2000D1 型接触角测量仪进行测试。煤样通过制样机在 30 MPa 下压制成直径 10 mm、厚度为 2 mm 的圆片,将水滴滴在所制取的样品上,然后用数码相机记录下煤与水滴接触的图像,使用图像分析软件获取煤水接触角,每个煤样压片 3 个,并从左右两侧分别量取煤水接触角度,每个煤样可获得 6 个接触角度值,最终取 6 次角度测量值的算术平均值为煤水接触角。

(9) 型煤抗压强度测定

型煤抗压强度使用 TYE-20 型抗折压实验机(无锡建仪仪器有限公司)进行测定,实验机测试台有两个水平的金属板,将型煤样品放在下部金属板中央,通过两个金属板对型煤样品持续施加负载,实验机自动记录样品被压碎时的瞬时最大负载,则型煤的抗压强度可由式(1-9)得出:

$$P_{cs} = \frac{F_{max}}{\frac{1}{4}\pi D^2} \qquad (1-9)$$

式中　P_{cs}——型煤抗压强度,kPa;

　　　F_{max}——实验机最大负载,kN;

　　　D——型煤直径,m。

(10) 煤中矿物质脱除方法

使用酸洗法脱除煤中矿物质[110]。将煤样破碎至粒径 1 mm 以下,称取 6 g 煤样,加入 40 mL 浓度为 5 mol/L 的盐酸(HCl)溶液,在 60 ℃下搅拌 1 h,然后使用离心法分离出煤样;将煤样与 40 mL 浓度为 29 mol/L 的氢氟酸(HF)溶液混合,在 60 ℃下搅拌 1 h,再次使用离心法分离出煤样;将煤样与 40 mL 浓度为 12 mol/L 的盐酸(HCl)溶液混合,在 60 ℃下搅拌 1 h,使用离心法分离出煤样;用蒸馏水冲洗煤样,用浓度为 0.1 mol/L 的硝酸银(AgNO₃)溶液检测滤液,直至滤液中检测不出氯离子(Cl^-);收集煤样并置于空气中干燥。

(11) 煤中腐殖酸含量测定

煤中总腐殖酸含量和游离腐殖酸含量按照 GB/T 11957—2001 中残渣法测定。

总腐殖酸测定:称取$(0.2\pm0.000\ 2)$g 粒度小于 0.2 mm 的分析煤样于 250 mL 三角瓶中,加入焦磷酸钠碱抽提 100 mL,摇动使煤润湿,在三角瓶口盖一小漏斗,置于(100 ± 1)℃的水浴中(温度达不到时,加适量氯化钠进行调节),加热抽提 2 h,每隔 30 min 摇动一次,使煤样全部沉下。然后将冷却到室温的抽提液连同残渣全部转入 200 mL 离心杯中,离心 20 min。上层溶液用倾泻法过滤,然后将残渣完全转移到已干燥至质量恒定的慢速定量滤纸上,用蒸馏水洗涤至滤液呈中性。将残渣在 105~110 ℃下干燥至恒重,以获得干燥的残渣质量;再将残渣在(815 ± 20)℃下灼烧至恒重,以获取残渣灰分质量。

游离腐殖酸测定除用 1‰氢氧化钠溶液代替焦磷酸钠碱液进行抽提外,其他操作均同总腐殖酸测定。

腐殖酸含量可按照式(1-10)计算:

$$HA_{ad} = \frac{m - m_1 + m_2}{m} \times 100 - (M_{ad} + A_{ad}) \qquad (1\text{-}10)$$

式中 HA_{ad}——空气干燥基煤样中总腐殖酸或游离腐殖酸含量,%;

       m——煤样质量,g;

       m_1——残渣质量,g;

       m_2——残渣灰分质量,g;

       M_{ad}——空气干燥基煤样的水分含量,%;

       A_{ad}——空气干燥基煤样的灰分含量,%。

2 褐煤振动热压脱水机理

褐煤振动热压脱水工艺能够在较温和的工艺条件下完成褐煤脱水过程,在脱水过程中褐煤界面性质(表面官能团、孔结构等)在温度场、机械压力场和振动力场的协同作用下对脱水过程产生重要影响。因此,本章将基于褐煤振动热压脱水与热压脱水实验,探讨温度场、机械压力场和振动力场以及多场协同作用下对脱水过程的作用机制,分析褐煤孔结构特征以及表面官能团的变化,研究褐煤振动热压脱水机制。

2.1 温度对振动热压脱水的影响机理

温度的提升有助于水分的脱除,图 2-1 给出了温度对三种褐煤在热压和振动热压脱水后产品水分含量的影响。其中热压脱水与振动热压脱水数据均为设计工况下脱水 40 min 后的样品所获得的数据,热压脱水与振动热压脱水每次均使用 1.5 kg 原煤。

2.1.1 温度对褐煤振动热压脱水的作用规律

对于三种褐煤,随着脱水温度的升高,煤样中的水分含量均持续降低,昭通褐煤中的水分含量从 50 ℃时的 0.95～0.98 g/g 降至 200 ℃时的 0.27～0.34 g/g,小龙潭褐煤中的水分含量从 50 ℃时的 0.68～0.69 g/g 降至 200 ℃时的 0.36～0.38 g/g,蒙东褐煤中的水分含量从 50 ℃时的 0.65～0.66 g/g 降至 200 ℃时的 0.40～0.42 g/g。对于昭通褐煤,在测试范围内,脱水后煤样中水分含量随着温度的升高呈现出近似线性降低的趋势;对于小龙潭褐煤和昭通褐煤,温度从 50 ℃升高至 150 ℃,脱水后煤样中水分含量近似于线性降低,但随着温度的进一步升高,水分含量降低趋势减缓。Bergins 等[35]对于澳大利亚 Loy Yang、希腊 Ptolemais 和德国 Hambach 褐煤热压脱水的研究显示,在 180 ℃之前,脱水后煤样中水分含量的降低与温度的升高具有较好的线性相关性,与本书的实验结果显示的变化趋势类似,其中煤样性质的差异导致脱水后煤样中水分含量随温度线性变化的范围有所不同。

以原煤中水分为计算基准,在 200 ℃、10 MPa、振动强度为 3.40 MPa、振动频率为 50 Hz 的情况下,昭通褐煤、小龙潭褐煤、蒙东褐煤中的水分分别有

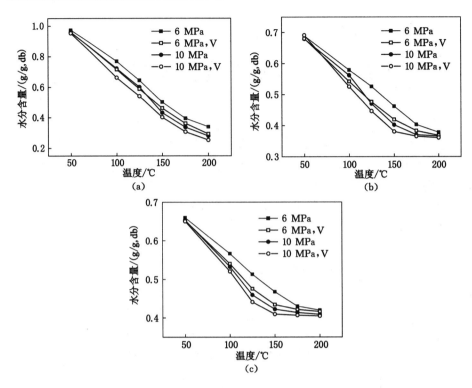

图 2-1 温度对褐煤振动热压和热压脱水的影响(V:振动强度 3.40 MPa,振动频率 50 Hz)
(a)昭通褐煤;(b)小龙潭褐煤;(c)蒙东褐煤

80.0%、33.4%和19.6%被脱除,水分脱除比例受原煤性质影响较大,但是随着温度的提高煤样中水分含量均有显著降低。值得指出的是,对三种煤样实验的结果显示,在相同的温度、机械压力条件下,振动热压脱水所获得的煤样的水分含量均低于热压脱水所获得的煤样的水分含量,说明振动力的引入能够促进热压过程中水分的脱除。在 50 ℃时,热压与振动热压所获得的煤样的水分含量差距较小;在 150 ℃之前,随着温度的升高,振动对热压脱水的促进作用逐渐明显,振动热压所获得的煤样的水分含量比热压所获得的煤样的水分含量有明显降低;在 150 ℃之后,随着温度的继续升高,振动对热压脱水的促进作用在三种煤样中呈现不同的变化趋势:对于昭通褐煤,振动力的作用仍然能够有效促进水分的脱除,但是对于小龙潭褐煤和蒙东褐煤,这种促进作用在 150 ℃之后逐渐减弱。

2.1.2 振动热压脱水过程温度对褐煤物理化学结构的影响

在脱水过程中,水分的脱除和较高的脱水温度,导致脱水后褐煤的物理化学结构发生变化[13]。在振动热压脱水过程中,孔隙几乎完全被水充满[33],水分的脱除意味着孔隙被压缩,煤样体积和孔隙率皆随着水分的脱除而降低。温度对褐煤振动热压脱水产品体积和孔隙率的影响如图 2-2 所示,对于三种褐煤,脱水后产品的体积均随脱水过程温度的升高而降低,与水分含量的变化趋势相一致。昭通褐煤脱水后产品的体积随着温度升高持续降低,在 10 MPa、振动强度为 3.40 MPa、振动频率为 50 Hz 的条件下,温度从 50 ℃增高至 200 ℃,昭通褐煤脱水后产品的体积从 1 061.8 cm³ 减少至 598.9 cm³,孔隙率从 0.95 cm³/g 降低至 0.25 cm³/g。对于小龙潭褐煤,在机械压力为 6 MPa 时,其脱水后产品体积和孔隙率随着振动热压脱水温度的升高而持续降低,仅在温度超过 175 ℃之后降幅有所降低;在机械压力为 10 MPa 时,在 150 ℃之前,随着振动热压脱水温度的升高,其脱水后产品体积和孔隙率持续稳定降低,在此之后温度进一步升高,其脱水后产品体积和孔隙率降幅明显减小;在机械压力为 10 MPa、振动强度为 3.40 MPa、振动频率为 50 Hz 的条件下,脱水温度从 175 ℃提升至 200 ℃,脱水后产品体积和孔隙率仅从 972.0 cm³ 和 0.38 cm³/g 降低至 967.6 cm³ 和 0.37 cm³/g。对于蒙东褐煤,在机械压力为 6 MPa 时,其脱水后产品体积和孔隙率随着振动热压脱水温度的变化趋势与小龙潭褐煤相一致;在机械压力为 10 MPa、振动强度为 3.40 MPa、振动频率为 50 Hz 时,在 150 ℃之前,随着振动热压脱水温度的升高,其脱水后产品体积和孔隙率持续稳定降低,脱水温度从 150 ℃提升至 200 ℃,脱水后产品体积仅从 1 098.6 cm³ 降低至 1 094.0 cm³,几乎可以忽略。

褐煤脱水产品体积和孔隙率的变化是脱水过程中微观孔结构变化的宏观表现。褐煤的孔隙率发生明显变化,孔径分布规律亦随之变化。为了更好地了解温度对振动热压脱水过程中孔特征的影响,采用压汞法对产品的孔径分布进行了检测。需要指出的是,由于在使用压汞法测试样品之前需要先进行干燥,在此干燥过程中样品的孔特征会发生变化,且当压汞测试仪器在高压状态工作时会在一定程度上对样品产生压缩,从而影响较小孔径的孔分布数值,因此使用压汞法所测得的孔径分布不能等同于振动热压样品的孔径分布,但是可以用于分析在不同振动热压脱水条件下孔径分布变化趋势。

图 2-3 给出了温度对振动机械热压脱水后褐煤孔径分布的影响。随着温度的升高,昭通褐煤颗粒间孔(孔径大于 60 μm 的孔)大幅减少,大孔(0.05～60 μm)也有所减少,但是减少幅度明显小于颗粒间孔。在 5～60 μm 范围内,孔分布较少,孔随着脱水温度的升高也有所减少,但是在数值上差别较小,温度从 50 ℃提高至 100 ℃,在此范围内孔发生了较为明显的减少,但是温度继续升高至 150 ℃和 200 ℃,在此范围内孔分布没有明显变化。在 0.05～5 μm 范围内,孔

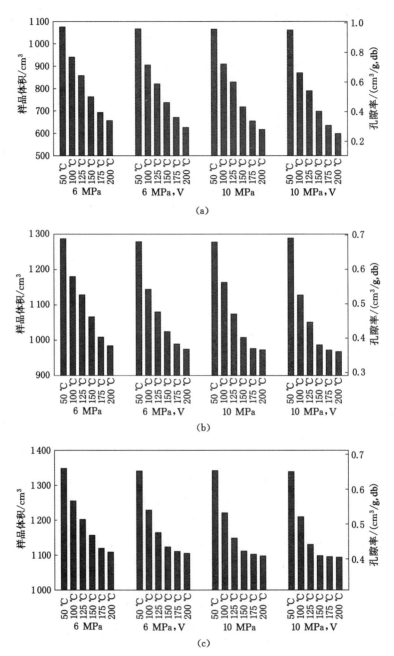

图 2-2　温度对振动热压与热压脱水后褐煤体积和孔隙率的影响

（V：振动强度 3.40 MPa，振动频率 50 Hz）

（a）昭通褐煤；（b）小龙潭褐煤；（c）蒙东褐煤

的分布较多,随着温度的升高持续减少。在中孔范围内(0.006~0.05 μm),随着脱水温度的升高,孔分布不但没有减少,反而持续增加。

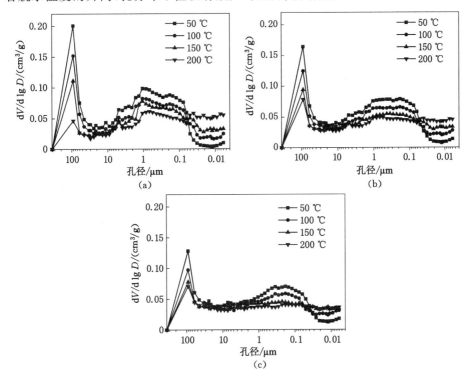

图 2-3 温度对振动热压脱水后褐煤孔径分布的影响
(机械压力 6 MPa,振动强度 3.40 MPa,振动频率 50 Hz)
(a) 昭通褐煤;(b) 小龙潭褐煤;(c) 蒙东褐煤

小龙潭褐煤和蒙东褐煤的孔径分布随脱水温度升高的变化趋势与昭通褐煤相似。但是对于小龙潭褐煤,当脱水温度从 150 ℃ 增加至 200 ℃ 时,其颗粒间孔和大孔的减少幅度明显降低;对于蒙东褐煤,当脱水温度从 150 ℃ 增加至 200 ℃ 时,其颗粒间孔仅有很小幅度的降低,大孔的分布也几乎相当,仅在部分孔径范围内有小幅降低,在中孔范围内孔体积也停止增加。

在振动热压脱水过程中,孔隙几乎完全被水充满[33],水分的存在为孔结构提供了支撑。随着脱水温度升高,褐煤中水分具有更高的能量,导致褐煤中能够挣脱褐煤表面物理化学吸附、可自由移动的水分增多,使得水分在振动热压脱水过程中更容易在机械压力的作用下被挤压脱除。而水分充满了褐煤中的孔隙,水分被挤压脱除,意味着孔隙的减少。水分主要存在于颗粒间孔和大孔中,褐煤失去水分时孔结构在机械压力作用下会发生坍塌,主要导致了颗粒间孔和大孔的减少。温度的升高使得褐煤中的腐殖酸、沥青质等组分软化，使褐煤易于压缩，褐煤中圆柱状孔在压力的作用下可能会被压缩、破坏，变成椭圆形孔[39]，并造成孔尺寸的降低。颗粒间孔和大孔的坍塌或尺寸缩小会演变成较小尺寸的孔，导致了中孔的增加，与文献报道的结果相符合[39]。

孔径分布变化直接影响了褐煤脱水后产品的平均孔径，如图 2-4 所示，三种煤样脱水后产品的平均孔径均随振动热压脱水温度的升高而减小。随着振动热压脱水温度的升高，昭通褐煤、小龙潭褐煤、蒙东褐煤脱水后产品的平均孔径分别从 50 ℃时的 0.70 μm、0.64 μm、0.65 μm 减小至 200 ℃时的 0.22 μm、0.35 μm、0.41 μm。其中昭通褐煤的降幅最大，且在 50 ℃至 200 ℃范围内持续降低；对于小龙潭褐煤和蒙东褐煤，脱水后产品平均孔径的减小主要发生在 50 ℃至 150 ℃范围内，在 150 ℃之后温度继续升高脱水后产品平均孔径仅有小幅减小。平均孔径随振动热压脱水温度的变化趋势与孔径分布所体现的变化趋势相符合。

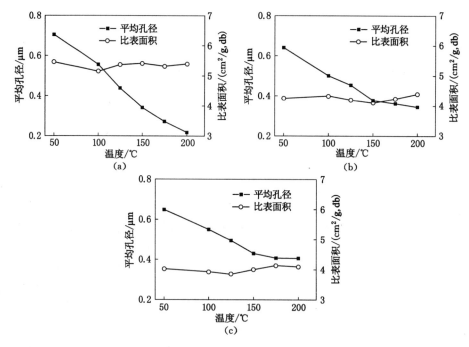

图 2-4　温度对振动机械热压脱水后褐煤平均孔径与比表面积的影响规律

（机械压力 6 MPa，振动强度 3.40 MPa）

（a）昭通褐煤；（b）小龙潭褐煤；（c）蒙东褐煤

虽然在振动热压脱水过程中随着温度的升高，褐煤脱水后产品的孔特征发生了明显的、趋势性的改变,但是比表面积却没有呈现出趋势性变化,保持相对稳定的数值,与 Hulston 等[39] 的研究结果相符合。大孔和中孔对孔隙率贡献大,对比表面积贡献较小,而微孔与之相反,对孔隙率贡献较小,在对比表面积贡献中占据主导作用。在热压脱水和振动热压脱水过程中,温度的升高导致颗粒间孔和大孔减少、中孔增多[39,42],但是对微孔的影响较小[35],并且微孔没有呈现出随着温度的升高而增加或者减少的趋势,比表面积也因此变化不大。

FTIR 结果表明(见图 2-5)随着振动热压脱水温度的升高,特别是在脱水温度超过 100 ℃时,三种褐煤脱水后产品的羟基(波数 3 700～3 100 cm^{-1})和羧基(波数 1 760～1 680 cm^{-1})吸收峰相对强度均有所减弱,而羧基和羟基含量对于脱水后褐煤的持水特性和复吸特性有重要影响[52,117,118]。为了更好地理解温度

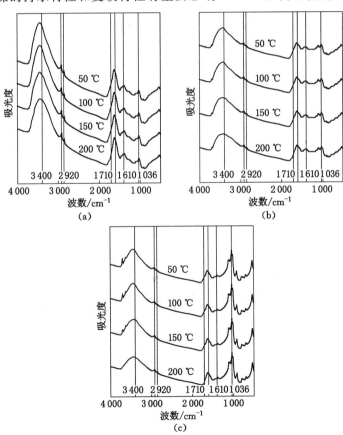

图 2-5 不同温度下振动热压脱水后褐煤 FTIR 测试结果

(机械压力 6 MPa,振动强度 3.40 MPa,振动频率 50 Hz)

(a) 昭通褐煤;(b) 小龙潭褐煤;(c) 蒙东褐煤

对振动热压脱水后褐煤产品的影响,使用 XPS 对其进行了测试,并对 C1s 峰进行了解析,如图 2-6 所示。C—O 的相对含量与羟基含量关系密切,在 100 ℃之后振动热压脱水温度继续升高,三种褐煤脱水后产品中 C—O 的相对含量开始明显降低,昭通褐煤、小龙潭褐煤、蒙东褐煤脱水后产品中 C—O 相对含量分别从 100 ℃时的 28.02%、23.47%、22.13%降低至 200 ℃时的 22.38%、19.69%、19.02%,表明羟基在热力的作用下发生了分解。O—C═O 主要代表羧基官能团,O—C═O 的相对含量随温度的变化趋势表明在振动热压脱水温度为 150 ℃时羧基官能团仍没有发生分解,在脱水温度为 200 ℃时三种褐煤脱水后产品中 O—C═O 的相对含量才有较为明显的降低。

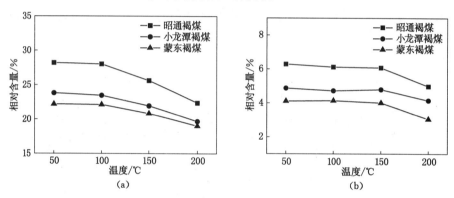

图 2-6　不同温度下振动热压脱水后褐煤中 C—O 和 O—C═O 相对含量
(XPS 检测结果,机械压力 6 MPa,振动强度 3.40 MPa,振动频率 50 Hz)
(a) C—O;(b) O—C═O

Hulston 等[39]认为官能团的分解也会对热压脱水后褐煤的孔特征的变化有所贡献,但是考虑到孔特征的巨大变化与官能团相对微弱的分解,官能团分解对振动热压脱水过程中褐煤的孔特征的变化的贡献几乎可以忽略。

2.1.3　温度对褐煤振动热压脱水的作用机制

温度的升高使煤中水分获得了更高的能量,使更多的水分能够摆脱褐煤表面的吸附作用,从而能够在褐煤内部孔隙及颗粒间孔隙中自由移动,具有在热压及振动热压过程中被挤压脱除的可能性。

褐煤中的水分可以被划分为微小的流动单元,当此流动单元具有足够克服阻碍其运动的能量时,便可以克服能量势垒、发生位移(见图 2-7)。

从统计热力学中可知,每个流动单元的平均能量为 kT,其中 k 为玻耳兹曼常数,T 为绝对温度(K),流动单元的实际热能分布应服从玻耳兹曼分布。

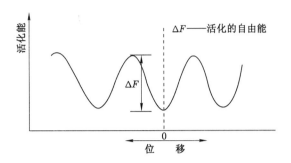

图 2-7　流动单元发生位移所需要的能量示意图[119]

在振动热压脱水过程中,流动单元所需要克服的能量势垒主要由两部分构成,即克服褐煤表面作用力所需要的能量与克服褐煤孔隙内流动阻力所需要的能量,可用下式表示:

$$E = E_1 + E_2 \tag{2-1}$$

式中　E——克服总能量势垒所需要的能量,kJ/mol;

　　　E_1——克服褐煤表面作用力所需要的能量,kJ/mol;

　　　E_2——克服褐煤孔隙内流动阻力所需要的能量,kJ/mol。

那么在一定温度下,流动单元的活化频率为:

$$\nu = \frac{kT}{h}\exp\left(\frac{-E}{N_A kT}\right) = \frac{kT}{h}\exp\left[\frac{-(E_1 + E_2)}{N_A kT}\right] \tag{2-2}$$

式中　ν——活化频率;

　　　N_A——阿伏加德罗常数,6.02×10^{23};

　　　h——普朗克常量,6.626×10^{-34} J·s。

在振动热压脱水过程中,褐煤被置于密缸体内加热,机械压力保持 2 MPa 以阻止水分汽化。在加热过程中,虽然流动单元能够获得足够的能量用于克服能量势垒,但是在缺乏定向潜能的情况下,各个方向上的能量势垒值相同,势垒被来自各个方向具有相等频率的单元越过,因此观察不到流动单元定向流动的规律,流动单元处于动平衡状态[119]。但是,在振动热压脱水过程中,机械压力与振动力对煤样施加了外在潜能,使势垒的高点发生了畸变[33,119],如图 2-8 中的曲线 B 所示。

在机械力的作用下,宏观上流动单元发生定向流动,微观上使在这个力的方向上的势垒高度减少,在相反方向上的能量势垒将增加。用 F 表示作用在流动单元上的力,用 λ 表示相邻势垒低点间的距离,那么在这个力的方向上的势垒高度被减少了,同时在相反方向上将增加同样的量。

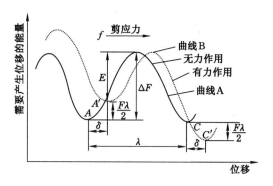

图 2-8　外在潜能对能量势垒的影响[119]

由于

$$F = P\lambda^2 \tag{2-3}$$

式中，P 为单位面积上的机械压力，Pa。所以

$$\frac{F\lambda}{2} = \frac{P\lambda^3}{2} \tag{2-4}$$

则在机械力作用的方向上，流动单元的活化频率变为：

$$\vec{\nu} = \frac{kT}{h}\exp\left[\frac{-\left(E_1 + E_2 - \frac{N_A P\lambda^3}{2}\right)}{N_A kT}\right] \tag{2-5}$$

在机械力作用的反方向上，流动单元的活化频率变为：

$$\overleftarrow{\nu} = \frac{kT}{h}\exp\left[\frac{-\left(E_1 + E_2 + \frac{N_A F\lambda^3}{2}\right)}{N_A kT}\right] \tag{2-6}$$

那么，在机械力作用方向流动单元的净活化频率为：

$$\nu = \frac{kT}{h}\exp\left[\frac{-(E_1 + E_2)}{RT}\right]\left(e^{\frac{P\lambda^3}{2kT}} - e^{-\frac{P\lambda^3}{2kT}}\right) \tag{2-7}$$

由于 $e^{\frac{P\lambda^3}{2kT}} - e^{-\frac{P\lambda^3}{2kT}} = 2\mathrm{sh}\left(\dfrac{P\lambda^3}{2kT}\right)$，式(2-7)可写成：

$$\Delta\nu = 2\frac{kT}{h}\exp\left[\frac{-(E_1 + E_2)}{RT}\right]\mathrm{sh}\left(\frac{P\lambda^3}{2kT}\right) \tag{2-8}$$

根据式(2-8)可知，在施加的外在潜能相同的情况下，振动热压脱水温度的升高有助于提高流动单元所获得足够克服能量势垒的概率，使得更多的水分处于活化状态，具有在振动热压过程中被脱除的可能性；同时，在单位时间内更多的流动单元能够越过能量势垒，提高了流动单元定向移动的速率，促进了水分的脱除。

2.2　机械压力对振动热压脱水的影响机理

机械压力的升高有助于水分的脱除,图 2-9 给出了机械压力对三种褐煤在热压和振动热压脱水后产品水分含量的影响。其中热压脱水与振动热压脱水数据均为设计工况下脱水 40 min 后的样品所获得的数据,热压脱水与振动热压脱水每次均使用 1.5 kg 原煤。

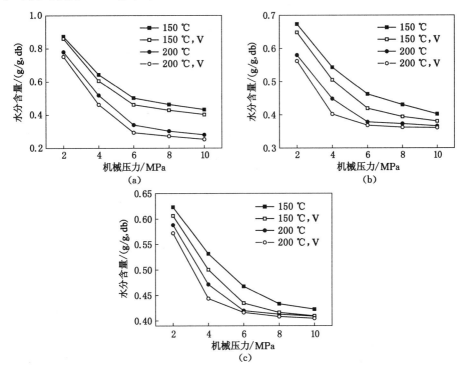

图 2-9　机械压力对褐煤振动热压和热压脱水的影响
（V:振动强度 3.40 MPa,振动频率 50 Hz）
（a）昭通褐煤；（b）小龙潭褐煤；（c）蒙东褐煤

2.2.1　机械压力对褐煤振动热压脱水的作用规律

对于三种褐煤,随着机械压力的升高,在 150 ℃和 200 ℃下热压与振动热压脱水后产品中的水分含量均持续降低。在热压脱水时,在温度为 150 ℃和 200 ℃的条件下,昭通褐煤中的水分含量从 2 MPa 时的 0.87 g/g 和 0.78 g/g 分别降低至 10 MPa 时的 0.43 g/g 和 0.28 g/g,小龙潭褐煤中的水分含量从 2 MPa

时的 0.67 g/g 和 0.58 g/g 分别降低至 10 MPa 时的 0.40 g/g 和 0.37 g/g,蒙东褐煤中的水分含量从 2 MPa 时的 0.62 g/g 和 0.59 g/g 分别降低至 10 MPa 时的 0.42 g/g 和 0.21 g/g。当机械压力从 2 MPa 升高至 6 MPa 时,三种褐煤脱水后产品中水分含量随着机械压力的升高呈现出近似线性降低的趋势;在此之后进一步提高机械压力,脱水后褐煤产品的水分含量降低趋势明显减缓,机械压力从 6 MPa 升高至 10 MPa 时,小龙潭褐煤和蒙东褐煤在 200 ℃下热压脱水后的产品的水分含量仅分别降低了 0.01 g/g 左右。Bergins 等[35]对于澳大利亚 Loy Yang、希腊 Ptolemais 和德国 Hambach 褐煤热压脱水的研究,以及 Hulston 等[39]对 Loy Yang 低灰褐煤热压脱水的研究,均表明,在 5 MPa 之前机械压力的升高导致热压脱水后产品中水分含量明显降低,但在此之后进一步提高机械压力仅对脱水有微弱的促进作用,与本书的实验结果显示的褐煤脱水后产品水分含量随机械压力升高的变化趋势相一致。

在振动热压脱水时,脱水温度与机械压力相同时,脱水后褐煤产品的水分含量均低于热压脱水时。在机械压力为 2 MPa 时,振动热压脱水与热压脱水后产品的水分含量差别较小,随着机械压力的升高这种差别变得明显,但是在 6 MPa 之后又有所减小;对于小龙潭褐煤和蒙东褐煤,在 200 ℃时,机械压力大于等于 6 MPa 时,振动热压脱水后褐煤产品的水分含量仅略低于热压脱水。随着机械压力的升高,振动热压脱水与热压脱水后褐煤产品中水分含量表现出了相同的变化趋势,但是由于原煤性质的不同,三种褐煤脱水后产品水分含量的变化范围有明显不同。

2.2.2 振动热压脱水过程中机械压力对褐煤孔特征的影响

一般认为褐煤脱水过程中表面官能团的变化主要由热作用导致[111,113],振动热压脱水与热压脱水过程中机械压力的变化不会导致褐煤表面官能团的分解。Hulston 等[39]对热压脱水后废水中溶解的有机碳量的测试结果表明,废水中有机碳总量的增加与温度的升高几乎呈线性关系,对于机械压力的变化敏感度较低,仅在机械压力超过 5 MPa 之前随着机械压力的升高而有所提升,在此之后几乎保持不变。分析认为,废水中有机碳的总量随着机械压力变化主要是由于机械压力对脱水的促进作用导致,更多的水分被脱除时会带走较多的可溶解的有机碳,而不是因为更多的褐煤表面官能团发生了分解。因此,在此部分的讨论仅关注振动热压脱水过程中机械压力对煤样孔特征的影响。

机械压力对褐煤振动热压脱水产品体积和孔隙率的影响如图 2-10 所示,对于三种褐煤,脱水后产品的体积均随脱水过程机械压力的升高而降低,与水分含量的变化趋势相一致。昭通褐煤脱水后产品的体积随着机械压力的升高而持续

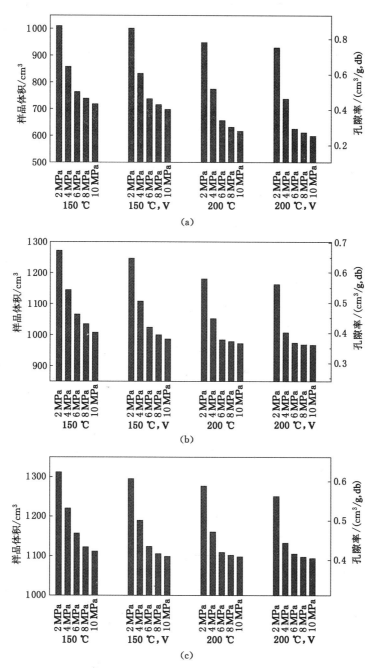

图 2-10 机械压力对振动热压与热压脱水后褐煤体积和孔隙率的影响

(a) 昭通褐煤;(b) 小龙潭褐煤;(c) 蒙东褐煤

降低,但是在机械压力超过 6 MPa 之后机械压力继续升高脱水后产品的体积降幅明显降低,在 200 ℃、振动强度为 3.40 MPa、振动频率为 50 Hz 的条件下,当机械压力从 2 MPa 增至 6 MPa 时,昭通褐煤脱水后产品的体积从 929.3 cm³ 减少至 625.7 cm³,孔隙率从 0.75 cm³/g 降低至 0.29 cm³/g;而当机械压力进一步升高至 10 MPa 时,昭通褐煤脱水后产品的体积和孔隙率仅分别降低至 599.0 cm³ 和 0.25 cm³/g。对于小龙潭褐煤,在脱水温度 150 ℃ 时,其脱水后产品体积和孔隙率随着机械压力的升高而持续降低,在机械压力超过 6 MPa 之后降速有所减缓;但在脱水温度为 200 ℃ 时,在机械压力超过 6 MPa 之后继续提高机械压力,对脱水后产品体积和孔隙率的降低的促进并不明显;在温度为 200 ℃、振动强度为 3.40 MPa、振动频率为 50 Hz 的条件下,当机械压力从 6 MPa 增高至 10 MPa 时,小龙潭褐煤脱水后产品的体积仅从 974.6 cm³ 减少至 967.6 cm³,孔隙率仅从 0.37 cm³/g 降低至 0.36 cm³/g。蒙东褐煤脱水后产品体积和孔隙率随着机械压力升高的变化趋势与小龙潭褐煤高度一致,在温度为 150 ℃、振动强度为 3.40 MPa、振动频率为 50 Hz 的条件下,当机械压力从 2 MPa 增高至 6 MPa 时,蒙东褐煤脱水后产品的体积从 1 295.3 cm³ 减少至 1 123.7 cm³,孔隙率从 0.61 cm³/g 降低至 0.43 cm³/g,机械压力进一步升高至 10 MPa 时,蒙东褐煤脱水后产品的体积和孔隙率分别降低至 1 098.6 cm³ 和 0.41 cm³/g,降幅明显降低;在温度为 200 ℃、振动强度为 3.40 MPa、振动频率为 50 Hz 的条件下,当机械压力从 2 MPa 增高至 6 MPa 时,蒙东褐煤脱水后产品的体积和孔隙率有较大幅度降低,但是当机械压力从 6 MPa 增高至 10 MPa 时,蒙东褐煤脱水后产品的体积仅从 1 105.4 cm³ 减少至 1 094.0 cm³。脱水后产品体积的减少主要是因为水分的脱除,因此从脱水后产品体积的变化可以得出在脱水温度为 150 ℃ 时,机械压力的升高有助于褐煤中水分的脱除,但是当脱水温度为 200 ℃ 时,在 6 MPa 之后继续升高机械压力对脱水的促进作用明显降低。

机械压力在压缩褐煤体积、降低脱水后产品孔隙率的同时,也会改变褐煤的孔径分布,图 2-11 给出了机械压力对振动热压脱水后褐煤孔径分布的影响。随着机械压力的升高,三种褐煤脱水后产品颗粒间孔均有明显减少,大孔范围内的孔分布也有不同程度的减少,而中孔有所增加。三种褐煤的大孔分布规律较为类似,在 5～60 μm 范围内孔分布较少,在 0.05～5 μm 范围内孔的分布较丰富。

机械压力从 2 MPa 升高至 6 MPa,三种褐煤脱水后产品的大孔在 5～60 μm 范围内均有减少,当机械压力继续升高至 10 MPa,昭通褐煤脱水后产品的大孔在 5～60 μm 范围内仍有较为明显的降低,而小龙潭褐煤与蒙东褐煤脱水后产品的大孔分布在此范围内仅有微小的变化,这种变化趋势与煤样的孔分布在此

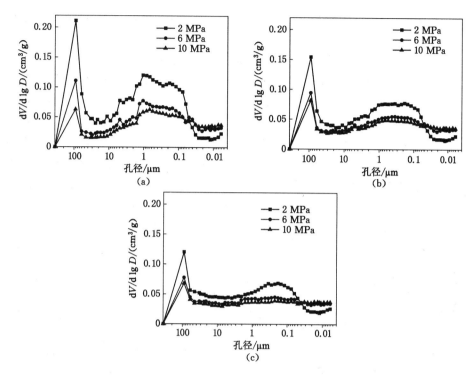

图 2-11　机械压力对振动热压脱水后褐煤孔径分布的影响

（温度 150 ℃，振动强度 3.40 MPa）

（a）昭通褐煤；（b）小龙潭褐煤；（c）蒙东褐煤

范围内的丰富程度以及煤样的抗压缩特性有关[35]。由于三种褐煤的孔在 0.05～5 μm 范围内的分布较为丰富，因此随着机械压力的升高在此范围内减少也较为明显；与其他孔径范围内变化规律相一致的是，机械压力同样升高 4 MPa，从 2 MPa 升高至 6 MPa 比从 6 MPa 升高至 10 MPa 所造成的孔减少更多。

　　在振动热压脱水过程中，热能提供给褐煤中水分能量以使其能够挣脱褐煤表面物理化学吸附，但是在缺少外力的作用下水分仍存在褐煤的孔隙中。机械压力的作用使得褐煤中的水分能够克服孔隙的流动阻力，实现挤压脱除褐煤中的水分。水分主要存在于颗粒间孔和大孔中，水分的脱除即意味着颗粒间孔和大孔的减少。在褐煤内部流动阻力相同的情况下，机械压力的升高能够提升褐煤中水分被挤压脱除的速率，在相同的时间内脱除更多的水分，因此导致了褐煤脱水后产品的颗粒间孔与大孔的减少。颗粒间孔和大孔在机械压力与失去水分支撑的作用下，会演变成较小尺寸的孔，导致中孔的增加。三种褐煤脱水后产品的中孔分布均随着机械压力的升高而有所增加,与文献报道的变化趋势相一致[35,39]。

颗粒间孔、大孔的减少与中孔的增加,导致褐煤振动热压脱水后产品的平均孔径均随机械压力的升高而减小,如图 2-12 所示。昭通褐煤、小龙潭褐煤、蒙东褐煤振动热压脱水后产品的平均孔径分别从 2 MPa 时的 0.69 μm、0.68 μm、0.60 μm 降低至 6 MPa 时的 0.34 μm、0.38 μm、0.43 μm,当机械压力进一步升高至 10 MPa 时其平均孔径分别降低 0.30 μm、0.36 μm、0.40 μm。机械压力的升高导致的三种褐煤脱水后产品平均孔径的降低主要发生在 2 MPa 至 6 MPa 范围内,在 6 MPa 之后机械压力继续升高脱水后产品平均孔径仅有小幅降低,平均孔径随机械压力的变化趋势与孔径分布所体现的变化趋势相符合。

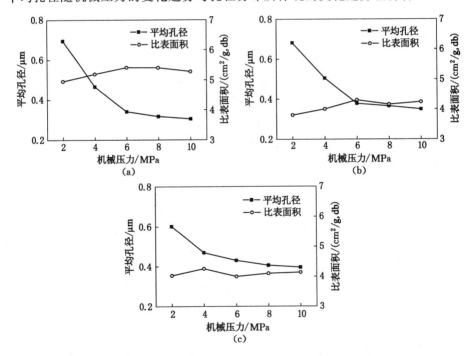

图 2-12　机械压力对振动机械热压脱水后褐煤平均孔径与比表面积的影响规律
(温度 150 ℃,振动强度 3.40 MPa,振动频率 50 Hz)
(a) 昭通褐煤;(b) 小龙潭褐煤;(c) 蒙东褐煤

在振动热压脱水过程中,机械压力的升高改变了褐煤脱水后产品的孔特征,但是对微孔的影响较小[35]。微孔对褐煤比表面积贡献较大,因此脱水后褐煤产品的比表面积没有发生明显的变化。另外,Hulston 等[39]提出大孔在向中孔转变的过程中,可能被压缩坍塌成更加不规则的形状,在此过程中孔径尺寸降低,而比表面积的变化较少,这是在振动热压脱水后褐煤产品比表面积保持相对稳定的另一个原因。

2.2.3　机械压力对褐煤振动热压脱水的作用机制

根据 2.1.3 部分的分析,机械压力的升高相当于提高了施加到煤样上的潜能,使势垒的高点发生了更大程度的畸变。机械压力的升高降低了机械压力作用方向上的能量势垒,在单位时间内有更多的流动单元能够越过此能量势垒,与此同时提升了机械压力反方向上的能量势垒,减少了单位时间内越过此能量势垒的流动单元,在宏观上表现为机械压力的升高使得单位时间内更多的水分被挤压脱除。

除此之外,一些研究者运用达西定律来解释热压过程中水分被挤压脱除的机理[34,38]。根据达西定律:

$$Q = \frac{KA\Delta P_1}{L} \tag{2-9}$$

式中　Q——体积流速,m^3/s;

　　　K——渗流系数,$m^2/(Pa \cdot s)$;

　　　A——流动断面面积,m^2;

　　　ΔP_1——渗流液体压降,Pa;

　　　L——渗流长度,m。

随着脱水过程的进行,煤样的孔特征发生了显著的变化,改变了水分脱除的通道,因此煤样的渗流系数是随着脱水过程进行而变化的。根据 Wheeler 等[38]的分析,煤样的孔特征对其渗流系数有重要影响,可将渗流系数用下式表示:

$$K = f(e) \tag{2-10}$$

式中,e 为煤样的孔体积与固体体积之比。

液体压降可以表示为:

$$\Delta P_1 = P_1 - P_o \tag{2-11}$$

式中　P_1——煤样中液相所承受的压力,Pa;

　　　P_o——水脱离煤样处所承受的压力,即煤样与滤膜的接触面处水承受的压力,Pa。

在实验操作时保持水出口的压力为 2 MPa,由于从滤膜接触面到水分出口的流动阻力远小于水分在煤样内部的流动阻力,因此 P_o 可近似等于水出口处的压力,即

$$P - P_f = P_1 + P_s \tag{2-12}$$

式中　P——振动热压脱水过程中施加的机械压力,Pa;

P_f——煤样与壁面的摩擦阻力,Pa;

P_s——煤样中固相所承受的压力,Pa。

煤样中液体与固体所承受的压力之比决定于其体积之比,由于在脱水过程中孔隙被水分充满,煤样中液体与固体的体积比即为孔体积与固体体积之比(e),因此煤样中液体与固体所承受的压力之比可表示为 e 的函数:

$$\frac{P_1}{P_s} = f(e) \tag{2-13}$$

则式(2-12)可表示为:

$$P - P_f = P_1 + \frac{P_1}{f(e)} \tag{2-14}$$

因此,在煤样处于相同的状态(即孔体积与固体体积之比相同)的情况下,可以认为煤样的渗流系数相同;而机械压力的升高导致了煤样中液相分压力的升高,在水分出口压力不变的情况下,提升了渗流压降,导致了更高的体积流速,即在相同的时间内脱除了更多的水分。

2.3 振动力对振动热压脱水的影响机理

2.1和2.2部分针对温度和压力对振动热压脱水和热压脱水的影响进行了研究,同时发现在相同的实验条件下振动热压脱水过程能够比热压脱水脱除更多的水分,证明了振动力对脱水能够起到促进作用。为了了解振动力对热压脱水的促进机制,此部分对振动力的强度与频率对脱水的影响进行了进一步的研究。

昭通褐煤中的水分能够通过振动热压脱水得到有效脱除,而小龙潭褐煤与蒙东褐煤由于煤样特性的原因,原煤中水分通过振动热压脱水脱除的比例较低,振动力对脱水的促进不能得到明显的展现,因此2.3和2.4部分的研究主要基于昭通褐煤展开。

振动力的大小会影响褐煤振动热压脱水速率[42],为了便于比较振动力在单位面积上的作用力,使用振动力在单位煤样面积上所产生的最大压强来表示振动强度,即:

$$P_{vmax} = \frac{|F_v|_{max}}{S} \tag{2-15}$$

式中 P_{vmax}——振动力在单位煤样面积上所产生的最大压强,Pa;

S——煤样的截面积,m^2。

2.3.1 振动力对褐煤振动热压脱水的作用规律

在不同温度、机械压力条件下,振动强度与振动频率对振动热压脱水的影响表现出相同的变化趋势,如图 2-13 所示。随着振动强度的增加,昭通褐煤振动热压脱水后产品的水分含量逐渐降低,此降低过程可分为三个阶段:当振动强度从 0 升高至 1.13 MPa 时,在 4 种实验条件下昭通褐煤脱水后产品的水分含量均没有明显降低;当振动强度从 1.13 MPa 升高至 3.40 MPa 时,昭通褐煤脱水后产品的水分含量发生了较为明显的降低;在此之后进一步提高振动强度,昭通褐煤脱水后产品的水分含量仍会有所降低,但是降低幅度明显减小,特别是当振动强度高于 4.53 MPa 之后,振动强度的提升对于脱水的促进作用几乎可以忽略。在 150 ℃/6 MPa、150 ℃/10 MPa、200 ℃/6 MPa、200 ℃/10 MPa 的实验条件下,振动强度从 0 升高至 5.66 MPa,昭通褐煤脱水后产品的水分含量分别降低了 0.045 g/g、0.036 g/g、0.052 g/g、0.032 g/g,而振动强度从 1.13 MPa 升高至 3.40 MPa 的范围内,昭通褐煤脱水后产品的水分含量就分别降低了 0.037 g/g、0.028 g/g、0.045 g/g、0.025 g/g,占总降低幅度的 80% 左右。由此可见,振动强度的升高并不总是能够有效促进褐煤中水分的脱除,褐煤振动热压脱水对振动强度存在一定的响应范围。对于本研究,振动强度在 1.13 MPa 至 3.40 MPa 的范围内变化能够对褐煤振动热压脱除产生较为明显的影响,过高的振动强度不光不能够有效促进水分的脱除,还可能导致系统能耗的升高以及加剧由振动产生的设备损耗或者提高对设备的制造要求。

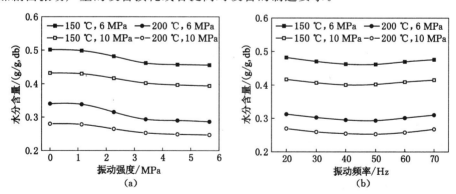

图 2-13　振动力对昭通褐煤振动热压脱水的影响
(a) 振动强度(振动频率 50 Hz);(b) 振动频率(振动强度 3.40 MPa)

当振动频率与被压材料的固有频率一致时,容易产生共振现象,从而获得更好的压实效果,实现更高的压实度[120]。振动热压脱水过程也是对煤样的压实过程,压实度的提升即意味着孔体积的减少,更多的水分被脱除[33]。在不同的温度、机械压力的条件下,测试了相同振动强度(3.40 MPa)下振动频率对振动热压脱水的影响,结果如图 2-13(b)所示。当振动频率为 40 Hz 和 50 Hz 时,昭通褐煤脱水后产品的水分含量较低,在此范围之外频率的升高或者降低均导致了昭通褐煤脱水后产品的水分含量的升高,而且在 4 种不同的温度、机械压力组合条件下,均获得了相同的变化趋势,因此有理由认为这种变化趋势是由振动频率与被压材料固有频率的匹配程度导致的。另外,有研究指出同一种材料在压实度不同时其固有频率存在差异[121],因此对于特定煤样,由于不同脱水阶段其固有频率的差异,会存在一个最佳振动热压脱水频率范围,而难以确定一个最佳频率。

2.3.2 振动热压脱水过程中振动力场对褐煤孔特征的影响

振动力对褐煤振动热压脱水产品体积和孔隙率的影响如图 2-14 所示。昭通褐煤脱水后产品的体积随振动强度的升高而降低,与水分含量的变化趋势相一致。在 150 ℃/6 MPa、150 ℃/10 MPa、200 ℃/6 MPa、200 ℃/10 MPa 的实验条件下,振动强度从 0 升高至 5.66 MPa,昭通褐煤脱水后产品的体积分别降低了 30.1 cm³、25.5 cm³、35.7 cm³、21.9 cm³;值得注意的是无论是在 150 ℃还是 200 ℃的情况下,机械压力为 6 MPa 时振动强度的增长所导致的产品体积减少均要高于机械压力为 10 MPa 时。随着振动频率的增加,昭通褐煤脱水后产品的体积先减少,在振动频率为 40 Hz 和 50 Hz 时达到最低值,之后又开始增加。

振动力能够影响褐煤颗粒的排列,当振动力足够大时还能够破坏褐煤颗粒的结构,产生尺寸更小的颗粒,从而影响脱水后褐煤产品的孔径分布。振动力对振动热压脱水后褐煤孔径分布的影响如图 2-15 所示。

随着振动强度的升高,昭通褐煤脱水后产品颗粒间孔均有减少,大孔范围内的孔分布也有不同程度的减少,而中孔有所增加。当振动强度从 0 增加至 3.40 MPa 时,大孔在 2~4 μm 与 0.1~1 μm 范围内有较为明显的减小,其他孔径范围内大孔无明显变化;中孔范围内的分布有所增加,孔径较小的中孔增加更为明显。当振动强度从 3.40 MPa 增加至 5.66 MPa 时,孔径分布的变化更为微弱,颗粒间孔的分布有所减少,大孔在 0.1~1 μm 范围发生了小幅减少,中孔有所增加,但是增幅并不明显。

在不同振动频率作用下,振动热压脱水后褐煤产品的颗粒间孔与大孔的分布较为接近。在 0.2~60 μm 范围内,振动频率为 50 Hz 时大孔的分布最少;而在 0.05~0.2 μm 范围内,振动频率为 70 Hz 时大孔的分布最少。对于中孔,随

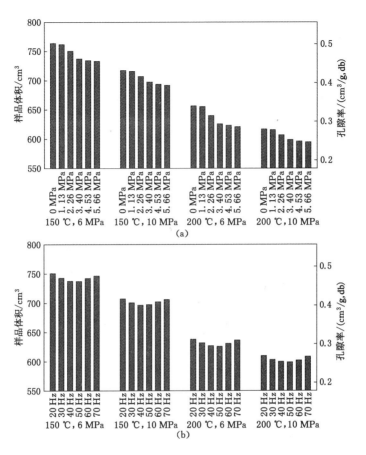

图 2-14 振动力对褐煤振动热压脱水产品体积和孔隙率的影响

(a) 振动强度 (振动频率 50 Hz) ; (b) 振动频率 (振动强度 3.40 MPa)

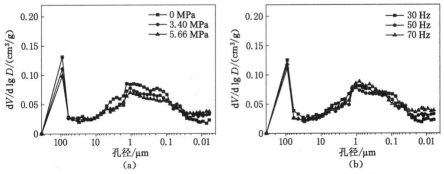

图 2-15 振动力对振动热压脱水后褐煤孔径分布的影响 (温度 150 ℃, 机械压力 6 MPa)

(a) 振动强度 (振动频率 50 Hz) ; (b) 振动频率 (振动强度 3.40 MPa)

着振动频率的升高其分布呈增加趋势,这可能是由于在相同的作用时间内,较高的振动频率使得作用在褐煤上的总压力发生了更多的周期性的变化,从而产生了更多裂隙,或者产生了更多的小颗粒填充到了较大的孔中,最终导致了中孔分布的增加。

振动强度的增加导致颗粒间孔、大孔的减少,转变成更小尺寸的孔,导致中孔的增加,因此褐煤振动热压脱水后产品的平均孔径均随振动强度的升高而降低,如图 2-16(a)所示,从振动强度为 0 时的 0.354 μm 降低至振动强度为 3.40 MPa 时的 0.330 μm,与此同时其比表面积从 5.21 m^2/g 增加至 5.57 m^2/g。随着振动频率的增加,昭通褐煤脱水后产品的平均孔径从 0.349 μm 降低至 0.336 μm,比表面积从 5.25 m^2/g 增加至 5.68 m^2/g。虽然随着振动强度和振动频率的增加,昭通褐煤脱水后产品的平均孔径的减小与比表面积的增加并不显著,但是体现了单调减小或者单调增加的趋势。

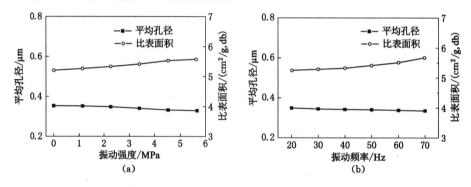

图 2-16   振动力对振动机械热压脱水后褐煤平均孔径与比表面积的影响规律
（温度 150 ℃,机械压力 6 MPa）
(a) 振动强度（振动频率 50 Hz）;(b) 振动频率（振动强度 3.40 MPa）

2.3.3   振动力对褐煤振动热压脱水的作用机制

振动热压脱水过程同时也是一种颗粒状材料的振动压实过程,褐煤颗粒的压实度的提高意味着孔体积的减少与水分的脱除。在振动压实过程中颗粒的排列由松散变紧密,并伴随着颗粒间的相对运动和颗粒结构的破坏,而颗粒间摩擦力和颗粒内部的内聚力所形成的抗剪切阻力为这种变化趋势的主要阻力[122]。在振动压实过程中抗剪切阻力主要来自滑动摩擦力和颗粒的重新排列,可表示为:

$$\tau_f = c + \tan \varphi \tag{2-16}$$

式中 τ_f——抗剪切阻力;

c——颗粒的内聚力;

φ——内摩擦角。

在振动压实过程中,在振动力的周期性负载的作用下,某一颗粒的相对位置可用下式表示:

$$X_i = a_i \sin\left(\omega t + \frac{\pi}{2}\right) \tag{2-17}$$

式中 X_i——颗粒 i 的相对位置;

a_i——颗粒 i 的振动幅度。

则颗粒 i 的位置函数的二阶导数为其加速度,即:

$$\ddot{X} = a_i \omega^2 \sin(\omega t + \pi) \tag{2-18}$$

因此,在振动压实过程中颗粒 i 的惯性力为:

$$I_i = m_i \ddot{X} \tag{2-19}$$

式中 I_i——颗粒 i 的惯性力;

m_i——颗粒 i 的质量。

在其他相同条件下,振动力 F_v 与颗粒 i 的振动幅度 a_i 成正比,因此颗粒 i 在振动压实过程中的惯性力正比于振动力:

$$I_i \propto F_v \tag{2-20}$$

那么相邻颗粒 i 与 j 之间的惯性力的差值同样正比于振动力,可用下式表示:

$$\Delta I_{i-j} = I_i - I_j \propto F_v \tag{2-21}$$

相邻颗粒间的惯性力的差异导致了颗粒接触界面处产生了新的应力,这种应力足够大时就能够破坏颗粒界面的作用力,使颗粒间发生相对运动,或者破坏原有颗粒的结构。当振动力较小时,颗粒间惯性力的差异较小,不足以克服大部分颗粒的抗剪切阻力,因此振动力对压实的促进作用并不明显。振动力的升高导致颗粒间惯性力的差异逐渐增大,能够使得越来越多的颗粒克服抗剪切阻力,使得颗粒能够脱离周围的束缚从而发生位移,同时内摩擦角大幅降低,导致了颗粒抗剪切阻力的降低,促进了颗粒间的相对移动。在压实过程中,颗粒间的相对移动总是趋向于填充或者减小孔隙,从而促进了压实作用。与此同时,在振动力的作用下,部分颗粒的结构破坏的发生会先于颗粒间的相对运动,导致颗粒内部的较大孔径的孔演变为较小孔径的孔,或者产生细小的颗粒填充到孔内,导致了颗粒间孔的减少与中孔的增加。

在振动力相同的情况下,相邻颗粒 i 与 j 之间的惯性力的差值正比于其角速度的平方,可用下式表示:

$$\Delta I_{i-j} = I_i - I_j = \omega^2 \sin(\omega t + \pi)(a_i m_i - a_j m_j) \propto \omega^2 \tag{2-22}$$

已知

$$\omega = 2\pi f \tag{2-23}$$

式中，f 为振动频率。因此

$$\Delta I_{i-j} \propto f^2 \tag{2-24}$$

由于煤样存在固有频率，在振动频率与固有频率一致时，容易产生共振现象，实现更好的压实效果与更多的水分脱除。但是，振动频率升高所导致的相邻颗粒间惯性力差异的增大，仍能够改变褐煤颗粒间或颗粒内部的孔特征，产生了更多较小的孔，使得中孔的分布随着振动频率的升高而增加。

2.4　振动力对褐煤脱水的促进机理

在相同的温度、机械压力和作用时间条件下，振动热压脱水过程能够比热压脱水过程脱除褐煤中更多的水分，这也意味着如从褐煤中脱除相同的水分，振动热压脱水过程将比热压脱水消耗更短的时间，能够更加快速地脱除褐煤中的水分。因此有必要对振动热压脱水过程中褐煤水分含量变化规律进行研究，以评价振动力场对脱水过程的促进作用和对脱水速率的提升。此外，由于煤料初始高度对热压脱水所需消耗的时间有重大影响[34,37]，因此本研究也基于不同煤料初始高度对振动热压脱水与热压脱水进程做对比研究。

2.4.1　振动力对脱水的促进作用规律

图 2-17 给出了脱水过程中昭通褐煤在不同时间的水分含量，无论在有无振动力的条件下，昭通褐煤中水分含量在脱水的初始阶段均先快速降低，随着脱水过程的进行水分含量的降低有所减缓，并最后趋向于一定值，同文献报道的研究结果相符合[37,38]。从图 2-17 所示结果可以看出，在相同的温度、机械压力条件下，振动力的存在能够使褐煤中的水分在较短的时间内接近脱水极限，与之相比，当没有振动力时则需要两倍以上的脱水时间才能够使褐煤中的水分接近脱水极限。图 2-18 给出了昭通褐煤中水分脱除速率随脱水时间的变化趋势，在脱水的初始阶段虽然各实验条件下水分脱除速率均较高，但振动热压脱水过程的水分脱除速率明显高于热压脱水过程；在脱水过程进行到 12 min 时两种脱水过程的脱水速率才较为接近；在 12 min 之后，振动热压脱水过程的脱水速率快速接近于 0，褐煤中水分含量趋于稳定，而热压脱水过程在接近 40 min 时脱水速率才趋近于 0，所需脱水时间远高于振动热压脱水。由此可见，在相同脱水温度与机械压力的条件下，振动力的存在不仅能够脱除褐煤中更多的水分，而且所需时间更短，提高了振动热压脱水过程的脱水效率。

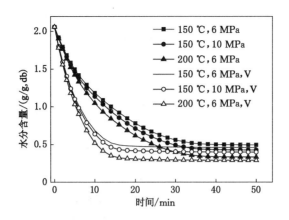

图 2-17 昭通褐煤中水分含量随脱水时间的变化
(V:振动强度 3.40 MPa,振动频率 50 Hz)

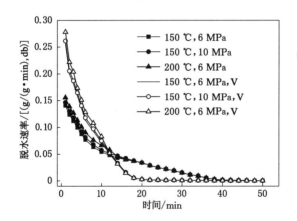

图 2-18 昭通褐煤中水分含量降低速率随脱水时间的变化趋势
(V:振动强度 3.40 MPa,振动频率 50 Hz)

煤样的初始高度对热压过程将褐煤中水分含量降低至某一定值所需要的时间有重要影响[34,37],在模具的尺寸一定时,煤样的质量与初始高度成正比,为便于测量,本书以煤样的初始质量作为衡量基准。煤样质量对振动热压与热压脱水过程所需时间的影响如图 2-19 所示。当煤样的质量为 0.75 kg 时,振动热压与热压脱水过程曲线较为接近,两种脱水过程所需脱水时间差异较小;当煤样质量为 1.50 kg 时,振动热压脱水过程所需时间明显小于热压脱水;当煤样质量为 3.00 kg 时,两种脱水过程所需脱水时间差异更加显著。因此可以认为,在初始煤样高度较高时,振动力对脱水过程的促进作用更加明显,有利于利用振动热压脱水过程生产大尺寸的脱水型煤,促进此技术的应用。

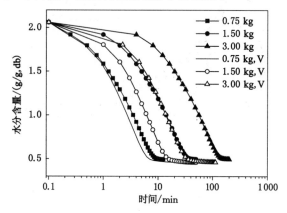

图 2-19　煤样质量对振动热压与热压脱水过程所需时间的影响
(150 ℃,6 MPa,V:振动强度 3.40 MPa,振动频率 50 Hz)

2.4.2　振动力对脱水的促进作用机制

在热压脱水过程中,式(2-9)中的 L 可以用煤样高度 H 替代,则 t 时刻煤样中水分流出的体积流速为

$$Q_t = \frac{K_t A \Delta P_{l_t}}{H_t} \qquad (2\text{-}25)$$

假设 t 时刻孔体积与干基煤真实体积(干基质量与真密度之比)之比为 e,即

$$e = \frac{V_p}{V_{\text{dry coal}}} \qquad (2\text{-}26)$$

式中　V_p——煤样中孔体积,m^3;

　　　$V_{\text{dry coal}}$——煤样中固体体积,m^3。

则有

$$e + 1 = \frac{V_p + V_{\text{dry coal}}}{V_{\text{dry coal}}} \qquad (2\text{-}27)$$

而

$$V_p + V_{\text{dry coal}} = V_{\text{total}} = AH \qquad (2\text{-}28)$$

式中,V_{total} 为煤样总体积,m^3。

在热压脱水过程中,可以认为煤样中固体体积保持不变,水分的流动断面面积 A 为模具截面积,因此

$$\frac{e_0+1}{e_t+1}=\frac{H_0}{H_t} \tag{2-29}$$

将式(2-29)代入式(2-25)可得

$$Q_t=\frac{K_t A \Delta P_{1_t}}{H_0 \dfrac{e_t+1}{e_0+1}} \tag{2-30}$$

那么 Δt 时间内煤样中水分的降低数值可表示为

$$\Delta M_t=\frac{Q_t \Delta t}{m_{\text{dry coal}}} \tag{2-31}$$

式中, $m_{\text{dry coal}}$ 为干燥基煤样的质量,g。

$$m_{\text{dry coal}}=m_{\text{total0}} M_0 \tag{2-32}$$

式中　m_{total0}——0 时刻煤样的质量,g;

M_0——0 时刻煤样中水分含量,g/g(dry coal)。

$$m_{\text{total0}}=\rho_{\text{total0}} A H_0 \tag{2-33}$$

将式(2-30)、式(2-32)和式(2-33)代入式(2-31)可得

$$\Delta M_t=\frac{K_t \Delta P_{1_t} \Delta t(e_0+1)}{H_0^2 M_0 \rho_{\text{total0}}(e_t+1)} \tag{2-34}$$

因此可得出,在某一时刻 t,Δt 时间内煤样中水分含量的减少数值和煤样初始高度的平方成反比,亦和煤样初始质量的平方成反比。

若令两组初始质量不同的煤样的水分含量在物性相同(这里主要为 e 相同)、脱水温度和机械压力相同条件下降低相同数值,即令

$$\Delta M_{t1}=\Delta M_{t2} \tag{2-35}$$

则有

$$\frac{\Delta t_1}{\Delta t_2}=\frac{H_{01}^2}{H_{02}^2} \tag{2-36}$$

在其他条件相同的情况下,使煤样中的水分减少同一数值所需的时间与煤样初始高度的平方成正比,或者与初始质量的平方成正比,即

$$\frac{\Delta t_1}{\Delta t_2}=\frac{m_{\text{total01}}^2}{m_{\text{total02}}^2} \tag{2-37}$$

因此可推断,在热压脱水过程中将褐煤中水分从初始状态降低至某一数值所需要的时间与煤样的初始质量的平方成正比。因此,可用下式拟合热压脱水过程中将褐煤中水分从初始状态降低至某一数值所需要的时间同煤样的初始质量之间的数值关系:

$$t=a m_{\text{total0}}^2 \tag{2-38}$$

热压脱水过程中褐煤中水分从初始状态分别降低至 1.30 g/g、1.00 g/g 和

0.70 g/g 时所需要的时间同煤样的初始质量的关系如图 2-20 所示,图中曲线为式(2-38)的拟合值,拟合参数如表 2-1 所示。

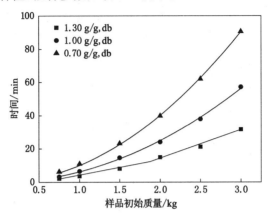

图 2-20　热压脱水过程中褐煤中水分从初始状态降低
至某一数值所需要的时间同煤样的初始质量的关系

表 2-1　　式(2-38)对热压脱水所需时间与煤样初始质量的拟合参数

褐煤中残留水分含量/(g/g,db)	a	R^2
1.30	3.508 69	0.997 93
1.00	6.239 34	0.998 42
0.70	10.031 11	0.999 53

在振动热压脱水过程中,煤样的初始质量同样对脱水所需时间有重要影响。煤样的初始质量的增加导致了振动热压脱水过程中煤样水分含量降低速度的减缓,增加了脱水过程所需要的时间。由于在热压脱水过程中将褐煤中水分从初始状态降低至某一数值所需要的时间同煤样的初始质量的平方成正比,且振动热压脱水与热压脱水存在一定的相似性,不妨假设在振动热压脱水过程中将褐煤中水分从初始状态降低至某一数值所需要的时间同煤样的初始质量的 b 次方成正比,可用下式表示:

$$t = am_{total0}^{b} \tag{2-39}$$

式中,a 包含煤样中水分含量的影响,因此随着脱水的进行而变化;b 仅包含煤样初始质量的影响,因此在脱水过程中应为定值。

振动热压脱水过程中褐煤中水分从初始状态分别降低至 1.30 g/g、1.00 g/g 和 0.70 g/g 时所需要的时间同煤样的初始质量的关系如图 2-21 所示,图中曲线为式(2-39)的拟合值,拟合参数如表 2-2 所示。

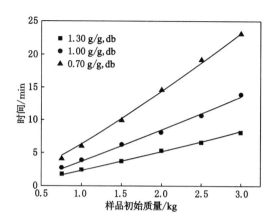

图 2-21 振动热压脱水过程中褐煤中水分从初始状态降低至
一数值所需要的时间同煤样的初始质量的关系

表 2-2 式(2-39)对振动热压脱水所需时间与煤样初始质量的拟合参数

褐煤中残留水分含量/(g/g,db)	a	b	R^2
1.30	2.284 97	1.17	0.991 89
1.00	3.752 29	1.17	0.994 62
0.70	6.409 07	1.17	0.996 88

由拟合结果可知,在振动热压脱水过程中褐煤中水分从初始状态降低至某一数值所需要的时间同煤样的初始质量的 1.17 次方成正比,远小于热压脱水过程。因此,随着煤样初始质量的增加,振动力对热压脱水过程的促进将更加明显,完成同样的脱水过程振动热压脱水所需的时间将远低于热压脱水,使脱水效率得到更大幅度的提升。

2.5 本章小结

本章研究了不同温度、机械压力与振动条件下振动热压与热压过程对昭通褐煤、小龙潭褐煤与蒙东褐煤中水分的脱除效果,并分析了脱水后煤样的物理化学结构变化,探讨了温度场、机械力场与振动力场对脱水过程的作用机理。主要结论如下:

(1)振动热压脱水工艺能够有效脱除昭通褐煤中的水分。以原煤中水分为计算基准,在 200 ℃、10 MPa、振动强度为 3.40 MPa、振动频率为 50 Hz 的情况下,昭通褐煤中 80.0% 的水分被脱除;水分脱除比例受原煤性质影响较大,在上述实验条件下小龙潭褐煤、蒙东褐煤中的水分分别有 33.4% 和 19.6% 被脱除。但是,对于三种煤样的实验结果显示,在相同的温度、压力条件下,振动热压脱水所获得的煤样的水分含量均低于热压脱水所获得的煤样的水分含量,说明振动力场能够有效促进热压过程中水分的脱除。

(2) 温度的升高使褐煤中更多的水分处于活化状态,在单位时间内更多的水分流动单元能够越过能量势垒,提高了流动单元定向移动的速率,促进了水分的脱除。随着温度的升高,褐煤的孔隙率持续降低,褐煤的孔径分布发生显著改变,颗粒间孔与大孔明显降低,中孔有所增加。三种煤样脱水后产品的平均孔径均随振动热压脱水温度的升高而减小,但是比表面积没有明显的趋势性变化。较高的脱水温度能够使褐煤表面官能团分解,当温度达到 150 ℃时,羟基开始分解,当温度进一步升高至 200 ℃时,部分羧基也发生分解。

(3) 机械压力的升高提升煤样中液相的分压力,在水分出口压力不变的情况下,提升了褐煤中水分渗流压降,获得了更高的体积流速,促进了脱水过程的进行。机械压力的升高也提高了褐煤中固相的分压力,较高的固相分压力能够降低煤样的孔隙率,从而降低了脱水后褐煤中水分含量。

(4) 振动强度的提升有助于降低褐煤中的水分含量,振动强度在 1.13 MPa 至 3.40 MPa 的范围内变化能够对褐煤振动热压脱除产生较为明显的影响。当振动频率与煤样的固有频率较为接近时脱水效果最好,过高或者过低的振动频率都会使振动力对脱水的促进作用产生负面影响。

(5) 振动热压脱水过程将水分脱除到某一定值所需时间明显低于热压脱水过程,具有更高的脱水效率。在初始煤样质量较大时,振动力对热压脱水过程的促进更加明显,完成同样的脱水过程振动热压脱水所需的时间远低于热压脱水,使脱水效率得到大幅度的提升。

3 褐煤振动热压无黏结剂成型机理

在一些干燥工艺过程中,特别是蒸发干燥工艺,随着水分的脱除褐煤容易出现粉化现象,导致干燥后的褐煤易复吸、易自燃[123-125],不利于储存和长距离运输,限制了干燥后褐煤的使用半径。同时,粉尘还会导致严重的环境问题。很多研究者提出使用褐煤成型技术解决此问题[80,81,85,88,126],但是这些研究都是基于干燥后的煤样,而热压脱水工艺能够在脱除褐煤中水分的同时得到褐煤产品[54],同时完成脱水和成型两种工艺过程。目前,对于热压脱水工艺的研究主要集中在脱水过程与机理及产品的物理化学性质方面[33-38],对于所获得的产品的型煤特性研究较少。万永周[54]对小龙潭褐煤经热压脱水过程处理后所获得的型煤产品的稳定性进行了分析、探讨,但是关于热压过程中褐煤的成型机理还需要进一步研究。本章基于振动热压脱水实验对褐煤无黏结剂成型的作用机制进行了探讨,并对煤质特性对型煤产品的影响机理进行了分析。

3.1 振动热压过程对褐煤无黏结剂成型的作用机理

3.1.1 温度对褐煤振动热压脱水后型煤特性的影响

图 3-1 给出了振动热压与热压过程温度对于褐煤脱水后型煤产品抗压强度的影响,在实验温度范围内,三种褐煤脱水后型煤产品的抗压强度均随着温度的升高而提升。经热压过程处理后,昭通褐煤、小龙潭褐煤、蒙东褐煤的抗压强度分别从 50 ℃时 225.4 kPa、154.1 kPa、100.7 kPa 增加至 200 ℃时的 734.4 kPa、329.2 kPa、194.0 kPa;经振动热压处理后,昭通褐煤、小龙潭褐煤、蒙东褐煤的抗压强度分别从 50 ℃时 288.0 kPa、160.5 kPa、122.4 kPa 增加至 200 ℃时的 800.6 kPa、370.3 kPa、233.9 kPa。

Sun 等[80]对褐煤无黏结剂成型的研究表明,在 150 ℃之前型煤的抗压强度随着成型温度的增加而增加,这是因为随着温度的升高褐煤中的沥青等物质逐渐软化,并起到黏结作用,促进了型煤抗压强度的提高,与本研究的结果相符合。Sun 等[80]同时指出当温度高于 150 ℃时,成型温度的升高会导致型煤抗压强度的降低,过高的成型温度导致了褐煤中水分含量在成型过程中降至较低的范围,不利于氢键的形成,而氢键力在成型中是一种重要的、起到提高型煤强度的作用

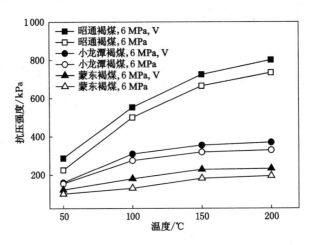

图 3-1　温度对于褐煤振动热压与热压脱水后型煤产品抗压强度的影响

（V:振动强度 3.40 MPa,振动频率 50 Hz）

力。Sun 等[80]和 Han 等[81]的研究同时指出褐煤无黏结剂成型存在最佳水分含量(12%～16%),褐煤中水分含量接近最佳水分含量会导致型煤抗压强度的升高。在本研究中,褐煤中的水分含量保持在 25% 以上,始终高于文献报道的最佳成型水分含量。因此,在温度高于 150 ℃时继续提高热压与振动热压过程温度所导致的水分脱除不会使型煤抗压强度降低,反而会提高型煤的抗压强度。煤焦油沥青的软化温度在 60～175 ℃之间[127,128],其起到的黏结作用在软化之后随着温度的升高而逐渐增加,直到成为易流动的液体。综上所述,在实验温度范围内,热压或者振动热压温度的提高总是会导致褐煤抗压强度的提高。

在脱水温度相同时,振动热压过程所获得的型煤产品总是比热压过程所获得的型煤产品具有更高的抗压强度。对于昭通褐煤,振动力的作用在实验温度范围内均使型煤的抗压强度有明显的提升;对于小龙潭褐煤与蒙东褐煤,除在 50 ℃时振动热压过程所获得的型煤的抗压强度仅略高于热压过程之外,振动力对型煤抗压强度的促进作用均得到了充分的展现。分析认为,振动力的存在促进了褐煤中水分的脱除,从而在一定程度上促进了型煤抗压强度的提升;另外,振动力的作用导致了颗粒结构的破坏,促进了细小颗粒的形成,而细小颗粒能够填充到空隙中,从而增加颗粒间的接触面积,促进抗压强度的提高。

3.1.2　机械压力对褐煤振动热压脱水后型煤特性的影响

对于一般的褐煤成型过程,在较低的数值范围内,机械压力的提高总能够提高型煤的抗压强度,对于振动热压脱水过程而言,机械压力的升高也起到了同样的作用,振动热压与热压脱水后型煤产品抗压强度随机械压力的变化趋势如图3-2所示。经热压过程处理后,昭通褐煤、小龙潭褐煤、蒙东褐煤的抗压强度分别从2 MPa时338.5 kPa、203.1 kPa、68.3 kPa增加至10 MPa时的832.8 kPa、475.5 kPa、313.2 kPa;经振动热压处理后,昭通褐煤、小龙潭褐煤、蒙东褐煤的抗压强度分别从2 MPa时374.8 kPa、202.4 kPa、75.3 kPa增加至10 MPa时的935.3 kPa、514.2 kPa、313.2 kPa。在实验机械压力范围内,三种褐煤经热压或振动热压处理后的型煤产品的抗压强度均随着机械压力的提升而升高,且没有观察到增幅减缓的趋势。

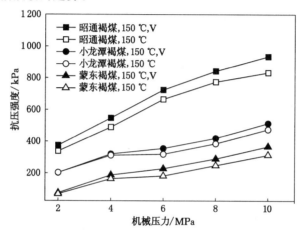

图3-2　机械压力对于褐煤振动热压与热压脱水后型煤产品抗压强度的影响
(V:振动强度 3.40 MPa,振动频率 50 Hz)

机械压力的升高能够缩小褐煤颗粒间的间隙,并且由于褐煤颗粒的可塑性,在较高的机械压力作用下褐煤颗粒之间的接触会更加充分,增加颗粒间的接触面积,从而提升型煤产品的抗压强度。在较高的机械压力作用下,褐煤颗粒能够克服颗粒间的摩擦力,从而发生相对运动,使得褐煤颗粒间的排列更加密实,促进了型煤产品抗压强度的提高。与此同时,在较高的机械压力和颗粒间摩擦力的共同作用下,更多褐煤颗粒的结构会被破坏,产生细小颗粒,这些细小颗粒会填充到大颗粒间的间隙中,增大颗粒间的接触面积,提高型煤产品的抗压强度。在振动热压脱水过程中,振动力的作用能够促进褐煤颗粒排列得更加密实,并导致产生更多的细小颗粒,增加颗粒间的接触面积。因此,在其他条件相同时,与热压脱水过程相比,振动热压脱水过程所获得的型煤产品具有更高的抗压强度。

机械压力的升高与振动力的作用均促进了脱水,降低了型煤产品中的水分含量,这也是其促进型煤产品抗压强度提高的重要原因。在本研究中,型煤产品中的水分含量均在 25% 以上,始终高于文献报道的最佳成型水分含量[80,81,85]。机械压力的升高与振动力的作用均能够促进褐煤中水分的脱除[33,35,36,42],在褐煤中水分含量高于最佳成型水分含量时,降低褐煤中水分含量能够提高型煤产品的抗压强度。

Richards 等[129]的研究认为当型煤的抗压强度在 350 kPa 以上时就能够满足日常运输、存储的要求。当机械压力为 10 MPa 时,昭通褐煤和小龙潭褐煤经热压脱水过程或振动热压脱水过程处理后其型煤产品的强度可达到 832.8 kPa、935.3 kPa 和 475.5 kPa、514.2 kPa,远高于 350 kPa,能够满足运输、存储的要求;而蒙东褐煤的型煤产品的抗压强度则达不到 350 kPa。Mangena 等[82]发现型煤抗压强度与成型压力线性正相关($R^2 = 0.93$),因此可通过提高成型机械压力来获得更高的型煤抗压强度以满足运输、存储要求,提升通过振动热压脱水工艺实现褐煤无黏结剂成型的可行性。

3.1.3 振动力对褐煤振动热压脱水后型煤产品特性的影响

振动力对昭通褐煤振动热压脱水后型煤产品的抗压强度的影响如图 3-3 所示。与温度和机械压力相比,在不同振动强度与振动频率下型煤产品的抗压强度变化幅度较小。随着振动强度的增加,型煤产品的抗压强度先增加,在振动强度为 3.40 MPa 和 4.53 MPa 时达到最大值,在此之后振动强度的增加会导致型煤产品的抗压强度降低。振动强度的增加能够促进振动热压脱水过程中水分的脱除,并且能够促使褐煤颗粒排列得更加紧密,从而提升了型煤产品的抗压强度。但是振动强度过高会破坏褐煤颗粒的结构,降低颗粒的内聚力,同时导致褐煤颗粒间发生过多的相对运动,不利于褐煤颗粒间形成稳固的作用力,从而降低了型煤产品的抗压强度。

对土壤振动压实的研究表明,振动频率在土壤固有频率附近可取得最好的压实效果[120],本书 2.3 部分的实验数据显示在振动频率为 40~50 Hz 范围内昭通褐煤振动热压脱水效果较好,并且脱水后型煤产品具有较低的孔隙率,因此可以认为此频率范围接近昭通褐煤的固有频率。图 3-3(b)表明昭通褐煤经振动热压脱水过程处理后获得的型煤产品在振动频率为 40~50 Hz 时具有较高的抗压强度;振动频率低于此范围时型煤的抗压强度有所降低,与之相比,振动频率高于此范围时型煤的抗压强度有更大幅度的降低。振动频率在褐煤固有频率附近时容易产生共振现象,可取得最好的成型效果。在振动强度相同的情况下,相邻颗粒间的惯性力的差值正比于其角速度的平方,即正比于频率的平方。因此,过高的振动频率使相邻颗粒间惯性力差异增大,导致过多的颗粒间的相对运动,不利于褐煤颗粒间的啮合与表面间作用力的形成,难以获得具有更高抗压强度的型煤。

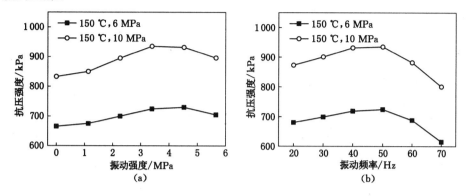

图 3-3 振动力对于褐煤振动热压脱水后型煤产品抗压强度的影响
(a) 振动强度(振动频率 50 Hz);(b) 振动频率(振动强度 3.40 MPa)

3.2 煤质特性对褐煤无黏结剂成型的作用机理

在相同的实验条件下,昭通褐煤、小龙潭褐煤与蒙东褐煤经热压脱水过程处理后的型煤产品的抗压强度有明显差异,可以推测煤质特性对型煤强度具有重要影响,因此有必要研究分析煤质特性对褐煤成型的作用机制。

3.2.1 水分含量对褐煤无黏结剂成型的影响

煤样中的水分含量对其无黏结剂成型后型煤的抗压强度有重要影响[80-82,126],适宜的水分含量能够减轻煤颗粒间的摩擦,使煤颗粒表面充分接触,并有利于煤颗粒间表面氢键的形成。煤样中水分含量过低时,煤颗粒之间的摩擦力增大,煤颗粒间不易发生相对运动而导致型煤内部结构较为松散,降低型煤抗压强度;煤样中水分含量过高时,煤颗粒表面会形成较厚的水膜,煤颗粒间难以形成紧密的接触,也会降低型煤的抗压强度[126]。Sun 等[80]和 Han 等[81]对三种褐煤经干燥处理后进行无黏结剂成型的实验结果表明,褐煤中的水分含量降低至 12%～16% 时所获得的型煤的抗压强度达到最大值,可将此水分含量范围作为具有参考价值的褐煤最佳成型水分含量。

在热压脱水过程和振动热压脱水过程中,褐煤中水分的脱除和成型同时发生,随着温度和机械压力的升高,型煤产品的水分含量不断降低、抗压强度不断升高,型煤产品的水分含量与抗压强度之间的关系如图 3-4 所示。在本研究中,昭通褐煤、小龙潭褐煤和蒙东褐煤经热压脱水过程或振动热压脱水过程处理后的型煤产品中的水分含量均高于 25%,高于文献报道的最佳成型水分含量,因此其型煤产品的抗压强度随着水分含量的降低而升高。在热压脱水过程与振动热压脱水过程中,褐煤的孔几乎完全被水分充满,型煤水分含量的降低意味着其孔隙率的降低,型煤内部更加密实,褐煤颗粒表面间的接触更加充分,有助于型煤抗压强度的提升。随着水分含量的升高,褐煤中水分子的存在状态从吸附于褐煤表面的活性位点、水分子间的氢键作用,逐渐转变为水簇和毛细凝聚[51]。在氢键吸附完成之后,随着褐煤中水分含量的增加,水分子之间的作用力由氢键力逐渐转变为更弱的长程作用力。褐煤颗粒的表面一般会被水分子覆盖,形成水膜,因此过高的水分含量会使型煤内部颗粒表面间的作用力主要为长程作用力,减弱褐煤颗粒表面间的吸引力。型煤产品水分含量的降低,会使其内部颗粒表面间的作用力逐渐由长程作用力被替代为更强氢键作用力,强化褐煤颗粒表面间的吸引力,提高型煤的抗压强度。

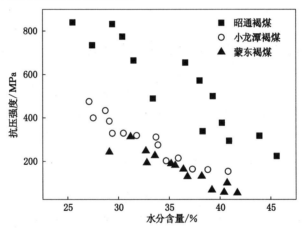

图 3-4　型煤产品的水分含量与抗压强度的关系

3.2.2　腐殖酸含量对褐煤无黏结剂成型的影响

与高煤阶的煤炭相比,褐煤中腐殖酸含量丰富[130,131],腐殖酸能够起到黏结作用,常被用作煤炭成型的黏结剂[132-135],也有一些研究认为在褐煤无黏结剂成型过程中褐煤中的腐殖酸起到了黏结作用[87,100]。腐殖酸中富含羧基(—COOH)、羟基(—OH)等官能团,这些官能团能够促进褐煤颗粒表面间氢键的形成,提升型煤产品的抗压强度[80]。在腐殖酸作为添加的黏结剂时,腐殖酸的添加量对型煤强度有重要影响,过高或者过低的腐殖酸添加量均不利于获得高质量的型煤,当腐殖酸的添加量为 7%～9% 时所获得的型煤的抗压强度最高,为最佳腐殖酸添加量[86,133]。过低的腐殖酸添加量会导致腐殖酸不能充分附着于煤炭颗粒表面,不能充分发挥黏结作用;过高的腐殖酸添加量会增加型煤的塑性,不利于压实[86]。

三种褐煤中腐殖酸含量如图 3-5 所示,昭通褐煤、小龙潭褐煤、蒙东褐煤的游离腐殖酸含量分别为 65.5%、34.7%、13.7%,总腐殖酸含量分别为 77.3%、54.5%、30.1%,均高于腐殖酸作为黏结剂时的最佳添加量 7%～9%,但是 3.1 部分的实验结果显示其型煤产品并没有由于过高的腐殖酸含量而降低。在相同的实验条件下,基于昭通褐煤的型煤产品具有最高的抗压强度,小龙潭褐煤次之,蒙东褐煤最低,与其腐殖酸含量所呈现的趋势相一致。值得指出的是,在相同的实验条件下,型煤产品的水分含量从高到低依次为昭通褐煤、小龙潭褐煤、蒙东褐煤,而较高水分含量不利于获得具有较高抗压强度的型煤,由此可见,褐煤中腐殖酸含量比水分含量对型煤强度具有更重要的影响。在褐煤无黏结成型中型煤强度随褐煤中腐殖酸含量的变化趋势不同于腐殖酸作为黏结剂时,没有发现存在褐煤无黏结成型的最佳腐殖酸含量。

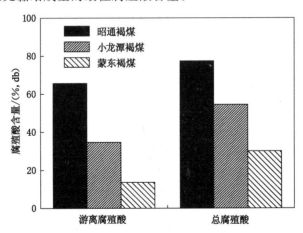

图 3-5　三种褐煤的腐殖酸含量

3.2.3　表面官能团对褐煤无黏结剂成型的影响

图 3-6 为三种褐煤的 FTIR 光谱。波数在 3 700～3 100 cm^{-1} 范围内、波峰在 3 400 cm^{-1} 左右的吸收峰对应羟基的相对含量;波数在 3 000～2 800 cm^{-1} 范围内、波峰在 2 922 cm^{-1} 处为脂肪族碳的吸收光谱;波数在 1 750～1 600 cm^{-1} 范围的吸收光谱对应羧基。光谱中还存在一些由矿物质产生的吸收峰,例如波

峰为 1 036 cm⁻¹ 的吸收峰。FTIR 光谱结果显示羟基、羧基所对应的吸收峰面积按照昭通褐煤、小龙潭褐煤、蒙东褐煤的次序逐渐降低,羟基、羧基的相对含量逐渐降低,与采用滴定法测得的羟基、羧基含量相一致(见图 3-7)。

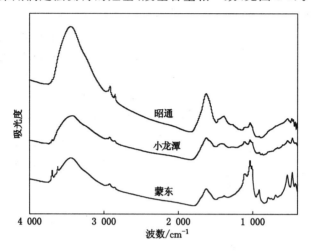

图 3-6　三种褐煤的 FTIR 光谱

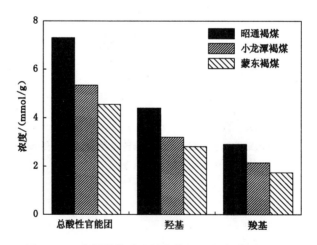

图 3-7　三种褐煤的总酸性官能团及羟基、羧基含量

　　羟基和羧基能够促进褐煤颗粒表面间氢键的形成,丰富的氢键含量能够有效提升型煤的抗压强度[80,81],具有较高羟基、羧基含量的褐煤更易于成型,因此型煤产品的抗压强度一定程度上取决于褐煤中羟基、羧基的含量。在本研究的实验条件范围内,实验条件相同的情况下,型煤的抗压强度总是按照褐煤中的羟基、羧基含量从高到低排列的。羟基、羧基对于褐煤成型的促进作用也为同样富

含羟基、羧基的腐殖酸在褐煤无黏结剂成型中所起到的黏结作用提供了证据支持。

3.3 本章小结

本章研究了昭通褐煤、小龙潭褐煤与蒙东褐煤在不同实验条件下脱水后获得的型煤的强度,分析了实验条件与煤质特性对振动热压与热压脱水过程中褐煤无黏结剂成型的影响。主要结论如下:

(1) 在实验条件范围内,昭通褐煤和小龙潭褐煤经振动热压脱水过程处理后其型煤强度可达到 935.3 kPa 和 514.2 kPa,能够满足运输、存储的要求。

(2) 温度升高能够使煤中焦油沥青等黏结性物质发生软化,增加黏结性,提高脱水后型煤的抗压强度;机械压力升高可缩小褐煤颗粒间的间隙,使得褐煤颗粒间的排列更加密实,增加颗粒间的接触面积,提升型煤产品的抗压强度;振动强度的增加能够促进振动热压脱水过程中水分的脱除,并且会促使褐煤颗粒排列得更加紧密,从而提升了型煤产品的抗压强度。但是振动强度过高会破坏褐煤颗粒的结构,不利于褐煤颗粒间形成稳固的作用力,降低型煤产品的抗压强度;振动频率在褐煤固有频率附近时容易产生共振现象,可取得最好的成型效果,过高或者过低的振动频率均不利于成型。

(3) 煤质特性对热压与振动热压脱水过程中褐煤无黏结剂成型特性具有重要影响。脱水后型煤产品中较低的水分含量有利于强化褐煤颗粒表面间的吸引力,提高型煤的抗压强度;腐殖酸以及羧基(—COOH)、羟基(—OH)等官能团能够促进褐煤颗粒表面间氢键的形成,增强颗粒界面间的吸引力,提升型煤产品的抗压强度;在褐煤无黏结成型中型煤强度随褐煤中腐殖酸含量的变化趋势与腐殖酸作为黏结剂时有明显不同。

4 煤炭脱水过程能耗

煤中水分可分为外在水、内在水、分子水和结晶水[136-138]，煤中不同赋存形式的水分在脱水过程中所需要的能量不同[139]。外在水主要存在于褐煤颗粒间隙、表面及大直径孔中，结合力以范德瓦尔斯力为主，脱除相对容易，脱除时过程所需能量较低[54,137]；内在水存在于煤中较小的孔隙中，一般指孔隙水，以毛细作用与煤结合，析出难易程度受孔隙尺寸影响[139,140]；分子水通过氢键作用与煤中的亲水官能团形成单层或多层水分子膜，由于褐煤表面官能团含量较高，水分子膜与褐煤体系间存在较强的结合力，脱出时需要消耗较高的能量[47,49,118]；结晶水以化合形式与矿物质结合，需在较高的温度下才能析出，在脱水中一般不考虑[54,139]。

在热压脱水和振动热压脱水过程中，较低的脱水温度时，即使在较高的机械压力与振动力的作用下，褐煤中的水分仍难以被有效脱除；脱水温度的升高使褐煤中的水分能够获得足够的能量以克服褐煤物理化学结构的吸附作用，具有自由移动的可能性，从而在机械压力和振动力的作用下克服了流动阻力，被挤压脱除。因此，研究褐煤中的水分克服褐煤物理化学结构的吸附作用所需要的能量对分析整个脱水过程的能量消耗具有重要意义。

TG-DSC联用法可以用于测定煤炭中水分脱除时所需要的能量，测试过程中传热、传质条件好，与实际脱水过程相比可以忽略传热、传质阻力，因此可以用TG-DSC联用法所测得的煤炭脱水过程中水分脱除所需的能耗代表煤炭中水分克服煤炭物理化学结构的吸附作用所需的能量。

煤炭中的官能团，特别是羧基官能团对煤炭的持水能力具有重要影响[51,52,118,124,141-143]，羧基官能团是水分吸附的首选活性位点[117]，与其他官能团相比羧基官能团对水分的吸附起主导作用，可以推断水分克服羧基官能团的吸附会需要更多的能量。因此，本章研究了煤炭表面羧基官能团含量对脱水过程能量消耗的影响。

4.1 脱水过程能耗研究方法

本章测试使用的煤样为宁夏无烟煤、新疆烟煤、胜利低灰褐煤、胜利高灰褐煤、小龙潭褐煤、昭通褐煤，煤样工业分析与元素分析见表1-1。煤样经脱矿物质处理后测定羧基官能团含量,测试结果见表 4-1。

表 4-1 煤样羧基官能团含量

	昭通	小龙潭	胜利高灰	胜利低灰	新疆	宁夏
羧基浓度/(mmol/g)	2.904 4	2.387 28	1.763 41	1.369 86	0.160 19	0.122 06

为排除矿物质对脱水过程能量消耗的影响,先按照 1.4.3(8)部分所述方法脱除原煤中矿物质,并将脱除矿物质后的煤样破碎至 200 网目以下,制备两种样品:① 将煤样放置于相对湿度为 97%、温度为 25 ℃的环境中 7 天,以使煤样充分持水,此后将煤样继续放置于此环境中,直至测试时取用;② 将煤样置于 105 ℃氮气气氛中干燥至恒重,制备干燥基煤样。

使用 1.4.3(2)所述 TG-DSC 设备测定煤炭脱水过程中能量消耗。每次称取 10 mg 左右煤样置于 TG-DSC 设备中,以 2 ℃/min 的升温速率从 20 ℃升温至 110 ℃,测定此过程中煤炭中水分脱除所需要的能量。

干燥基煤样在测试过程中样品质量基本不变,通过测定干燥基煤样在测试过程中所吸收的热量可计算出其比热容。测试温度变化范围较小、温度较低,可以忽略物性变化对干燥基煤样比热容的影响,认为干燥基煤样的比热容为定值。可由式(4-1)计算:

$$c_{\mathrm{d,coal}} = \frac{\int_0^t DSC_t \mathrm{d}t}{m_{\mathrm{d,coal}}(T_t - T_0)} \tag{4-1}$$

式中　$c_{\mathrm{d,coal}}$——干燥基煤样的比热容,kJ/(kg·K);

　　　DSC_t——t 时刻时 DSC 记录的数值,W;

　　　t——时间,s;

　　　$m_{\mathrm{d,coal}}$——干燥基煤样质量,g;

　　　T_t——t 时刻的温度,K;

　　　T_0——初始温度,K。

测试过程中收到基煤样在 t 时刻、长度为 ΔT 的时间内所吸收的能量可用式(4-2)表示:

$$Q_{\mathrm{ar,coal},t} = \frac{DSC_t + DSC_{t-\Delta t}}{2} \Delta t \tag{4-2}$$

式中　$Q_{\mathrm{ar,coal},t}$——收到基煤样在 t 时刻、长度为 Δt 的时间内所吸收的能量,J;

　　　Δt——某一时间长度,s。

收到基煤样所吸收的能量中包含了加热干燥基煤样所需要的能量,此部分能量可由式(4-3)计算:

$$Q_{d,coal,t} = c_{d,coal} m_{ar,coal} (1 - M_0)(T_t - T_{t-\Delta t}) \tag{4-3}$$

式中　$Q_{d,coal,t}$——在 t 时刻、长度为 Δt 的时间内加热干燥基煤样所需要的能量，J；

　　　$m_{ar,coal}$——收到基煤样的质量，g；

　　　M_0——初始时刻收到基煤样中水分含量，%；

　　　T_t——t 时刻煤样的温度，K；

　　　$T_{t-\Delta t}$——$t - \Delta t$ 时刻煤样的温度，K。

此部分能量没有用于水分的脱除，应从收到基煤样所吸收的能量中脱除，则脱除收到基煤样中水分所需要的能量，可用式(4-4)表示：

$$Q_{dewatering,t} = Q_{ar,coal,t} - Q_{d,coal,t} \tag{4-4}$$

式中，$Q_{dewatering,t}$ 为脱除收到基煤样中水分所需要的能量，J。

则在 t 时刻、长度为 Δt 的时间内脱除收到基煤样中单位质量的水分所需要的能量可用式(4-5)表示：

$$E_{dewatering,t} = \frac{Q_{dewatering,t}}{TG_t - TG_{t-\Delta t}} \tag{4-5}$$

式中　$E_{dewatering,t}$——在 t 时刻、长度为 Δt 的时间内脱除收到基煤样中单位质量的水分所需要的能量，J/g 或 kJ/kg；

　　　TG_t——t 时刻 TG 记录的质量数值，g；

　　　$TG_{t-\Delta t}$——$t - \Delta t$ 时刻 TG 记录的质量数值，g。

在 t 时刻煤样中的水分含量可用式(4-6)或式(4-7)表示：

$$M_t = \frac{TG_t - m_{ar,coal}(1 - M_0)}{m_{ar,coal}} \times 100\% \tag{4-6}$$

式中，M_t 为 t 时刻煤样中的水分含量，%。

$$M_t = \frac{TG_t - m_{ar,coal}(1 - M_0)}{m_{ar,coal}(1 - M_0)} \tag{4-7}$$

式中，M_t 为 t 时刻煤样中的水分含量，g/gdrycoal。

4.2　脱水过程能耗分析

脱除煤炭中单位质量的水分所需能量随水分含量的变化如图 4-1 所示，对于所有煤样，从中脱除单位质量的水分所需能量随着脱水过程的进行而不断增加，同周永刚等[139]、Allardice[144] 所报道的变化趋势一致。根据 Allardice 的报道[144]，脱水过程可分为三个阶段：在第 1 阶段，褐煤中的水分含量在 0.6 g/g 以上，在此阶段脱除水分所需的能量大约等同于水在常态下的汽化潜热，所脱除的水分几乎没有受到褐煤的束缚,主要以外在水的形式近乎以自由状态存在于褐煤颗粒间孔与大孔中;在第 2 阶段,褐煤中的水分含量为 0.15～0.6 g/g,此阶段所脱除的水分主要为存在于尺寸较小的孔隙和毛细管中的水分以及官能团周围的水簇,脱除水分所需的能量随着脱水过程的进行而不断增加;在第 3 阶段,褐煤中的水分含量低于 0.15 g/g,在此阶段所脱除的水分主要为直接受到官能团的作用而吸附的水分,从脱除多层吸附的水分到脱除单层吸附的水分所需的能量快速增长。

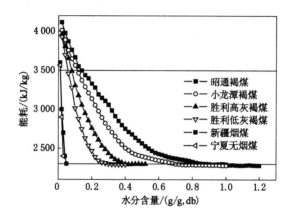

图 4-1　脱水过程能耗和煤中水分含量的关系

Allardice 基于脱水过程中煤样中水分含量的变化将脱水过程分为三个阶段[144],但是此种划分方法只适用于特定煤样,由于煤样性质的差异,其水分赋存会体现出明显的差异,脱水过程中所需能量与煤样中水分含量的关系也会有所不同,如图 4-1 所示。宁夏无烟煤、新疆烟煤的水分含量很低,难以区分脱水过程的 3 个阶段。昭通褐煤、小龙潭褐煤、胜利高灰褐煤、胜利低灰褐煤在测试中的初始水分含量分别为 1.21 g/g、1.00 g/g、0.53 g/g、0.39g/g,按照水分含量划分,此时昭通褐煤和小龙潭褐煤的脱水过程属于第 1 阶段,胜利高灰褐煤和胜利低灰褐煤的脱水过程属于第 2 阶段;但是此时从四种煤样中脱水分所需要的能量并没有明显差异,均在 2 300 kJ/kg 以下,可认为近似等于水的汽化潜热(标准大气压情况下为 2 257.2 kJ/kg),按照脱水所需能量均符合 Allardice 所述的第 1 阶段。考虑到煤样性质的差异,按照脱水时所需要的能量划分脱水过程更具有适用性,可将脱水所需要的能量不高于 2 300 kJ/kg 的阶段划分为第 1 阶段。

从图 4-1 中无法确定第 2 阶段与第 3 阶段的界限。根据 Allardice 的分析[144],第 3 阶段所脱除的水分主要为直接受到官能团的吸附作用而以多层吸附和单层吸附状态存在的水分,而羧基官能团是水分吸附的首选活性位点、对水分的吸附起主导作用[117],因此可推测水分在煤样中的多层吸附和单层吸附与羧基官能团密切相关,水分在煤样中的多层吸附和单层吸附所对应的水分含量应取决于水分含量与煤表面羧基官能团含量之比,并可以此确定脱水过程第 2 阶段与第 3 阶段的界限。

脱除煤炭中单位质量的水分所需能量随水分含量与煤表面羧基官能团含量之比的变化趋势如图 4-2 所示,在水分含量与煤表面羧基官能团含量之比较高时脱除不同煤样中水分所消耗的能量均低于 2 300 kJ/kg,为脱水的第 1 阶段;随着脱水过程的进行,脱除不同煤样中水分所消耗的能量出现差异;当水分子数量与羧基数量之比降低至 2.5 左右(水分含量与羧基摩尔浓度之比为 0.045 g/mmol)时,脱除不同煤样中水分所消耗的能量又开始趋于一致,此时脱水能耗约为 3 500 kJ/kg。可认为当水分子数量与羧基数量之比降低至 2.5 左右时,水分直接受到官能团的影响而以多层吸附或单层吸附的形式存在于煤样中,其他的影响与之相比可以忽略,因此脱除不同煤样中水分所消耗的能量开始趋于一致,可将此时脱除水分所消耗的能量 3 500 kJ/kg 作为脱水第 2 阶段与第 3 阶段的分界点。

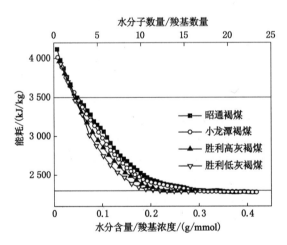

图 4-2 脱水过程能耗和水分含量与煤表面羧基官能团含量之比的关系

因此本书基于脱水时所需要的能量将脱水过程划分为 3 个阶段:第 1 阶段,脱水所需要的能量不高于 2 300 kJ/kg;第 2 阶段,脱水所需要的能量为 2 300~3 500 kJ/kg;第 3 阶段,脱水所需要的能量不低于 3 500 kJ/kg,如表 4-2 所示。

表 4-2　　　　　　　　　脱水过程 3 阶段划分

脱水阶段	脱水能耗/(kJ/kg)	脱除的水分
1	≤2 300	存在于褐煤颗粒间孔与大孔中的水
2	2 300～3 500	存在于尺寸较小的孔隙和毛细管中的水分以及官能团周围的水簇
3	≥3 500	直接受到官能团的作用而吸附于煤表面的水分

4.3 羧基对脱水过程与脱水能耗的影响

官能团对煤样中水分的赋存特性、水分复吸以及脱水过程均有重要影响[52,117,118,124,143],其中羧基官能团起到了主导作用[117]。Gutierrez-Rodriguez 等[142]发现煤炭的亲水性随着煤阶的增加、含氧官能团的减少而不断降低,煤炭中水分含量随煤化过程的进行而降低的主要原因为含氧官能团的分解[143]。随着煤阶的提升,羧基官能团与氧含量同时降低[105-108],但是由于对样品研究、破碎的方法不同等原因,对羧基官能团含量与氧含量间的关系没有统一的认识。Nishino 发现在氧含量低于 8% 时,煤样的羧基官能团含量没有明显变化,当氧含量高于 8% 时,羧基官能团含量随着氧含量的增加而增加,且在氧含量高于 15% 时增速明显加快[117]。本书对羧基官能团和氧含量的测试结果与 Nishino 所报道的结果相一致,如图 4-3 所示。新疆烟煤中的氧含量为 11.96%,其羧基官能团含量为 0.16 mmol/g,比宁夏烟煤(氧含量为 4.46%,羧基官能团含量为 0.12 mmol/g)有所增加;胜利低灰褐煤、胜利高灰褐煤、小龙潭褐煤、蒙东褐煤

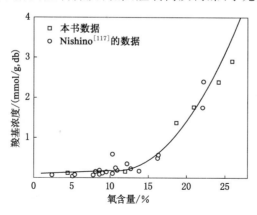

图 4-3　煤样中羧基官能团含量与氧含量的关系

的氧含量依次为 18.66%、20.96%、24.16%、25.94%，其羧基官能团含量随氧含量的增加快速增加，依次为 1.37 mmol/g、1.76 mmol/g、2.39 mmol/g、2.90 mmol/g。

从无烟煤到褐煤，由于煤化过程中煤的物理化学结构的变化，随着煤阶的提升煤样中水分不断减少。低阶煤中富含含氧官能团，特别是羧基官能团，使得低阶煤的亲水性增强，具有较高的水分含量[13,51,141]。原煤煤样中水分含量与羧基官能团含量的关系如图 4-4 所示，虽然煤中的水分含量会受到成煤环境、孔结构、矿物质的影响，本书的研究数据显示水分含量与羧基官能团含量有密切关系，随着羧基官能团含量的增加而近似于线性增加。

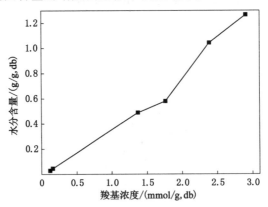

图 4-4　煤样中羧基官能团与水分含量的关系

煤样中水分含量的不同必将导致不同赋存形式的水分含量的差异，从而在同一脱水阶段中脱除的水分含量有所不同，如表 4-3 所示。对于 4 种煤样均为第 2 阶段所脱除的水分最多，第 1 阶段次之，第 3 阶段最少；在同一阶段中，从 4 种煤样中脱除的水分含量有明显差异。

表 4-3　　　　　　　3 个脱水阶段中脱除的水分含量　　　　　　　g/g

煤　样	第 1 阶段	第 2 阶段	第 3 阶段
昭通褐煤	0.32	0.74	0.14
小龙潭褐煤	0.26	0.62	0.12
胜利高灰褐煤	0.1	0.33	0.07
胜利低灰褐煤	0.06	0.28	0.06

各个脱水阶段中脱除的水分含量以及各个脱水阶段开始时煤样中水分含量

与煤样中羧基官能团浓度的关系如图 4-5 所示。在各个脱水阶段开始时煤样中水分含量与煤样中羧基官能团浓度呈线性关系,并且从第 1 阶段至第 3 阶段其斜率逐渐降低,脱水过程中不同形式的水分含量与羧基官能团浓度的关系可从水分在煤表面的吸附过程得到验证[14,51,117]。Charriere 和 Behra[51]总结了随着水蒸气相对压力的增加水分在煤表面的吸附过程:① 吸附于含氧官能团;② 吸附于水分子间的氢键力;③ 形成水簇;④ 水簇充满小孔并在窄孔内发生毛细凝聚。这 4 个吸附过程所吸附的水分为官能团通过单层吸附与多层吸附作用所吸附的水分、水簇、毛细孔与小尺寸孔内的水分,可以推断若继续提高水蒸气的相对压力,水分会逐渐充满尺寸较大的孔与颗粒间孔。Nishino[117]的研究结果表明,当煤样中干燥基羧基官能团含量高于 0.5 mmol/g 时,在不同水蒸气相对压力下煤样所吸附的水分多少与羧基官能团的含量均呈线性关系,并且拟合出的直线斜率随着水蒸气相对压力的增加而增加。煤样中水分的脱除过程和吸附过程可在一定程度上作为逆过程,水蒸气相对压力较高时煤样中吸附的水分较易脱除,一般会在脱水的初始阶段脱除;水蒸气相对压力较低时煤样中吸附的水分较难脱除,一般要在脱水进行到了一定程度时才会被脱除。水蒸气相对压力较高时煤样吸附的水分与羧基官能团含量拟合出的直线斜率高于水蒸气相对压力较低时,本书中随着脱水的进行,煤样中的水分含量与羧基官能团含量拟合出的直线斜率逐渐降低,两者相互印证。

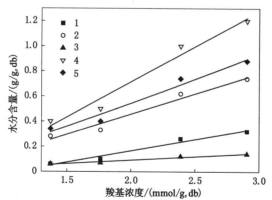

图 4-5　煤样中羧基官能团与 3 个脱水阶段中脱除的水分含量的关系

1——第 1 阶段脱除的水分;2——第 2 阶段脱除的水分;

3——第 3 阶段脱除的水分,第 3 阶段开始时的水分含量;

4——第 1 阶段开始时的水分含量;5——第 2 阶段开始时的水分含量

羧基官能团的含量不仅是影响脱水过程中各阶段水分含量的重要因素,还对脱水过程中所需的能量有重要影响。如图 4-1 所示,在水分含量相同时从不同煤样中脱除水分所需要的能量差异明显,随着煤样中羧基官能团含量的增加而增加。羧基的存在能够增加煤表面的亲水性,并且能够以化学键(以氢键为主)的方式吸附水分子[124]。在煤样中水分含量相同时,随着羧基官能团含量越多,每个羧基平均吸附的水分子数量越少,则最外层水分子与羧基的距离越近,羧基对水分子的吸附作用越强烈,脱除时所需要的能量越高。水分含量为 0.2 g/g、0.15 g/g、0.10 g/g 时从煤样中脱除水分所需要的能量与羧基官能团含量的关系如图 4-6 所示,两者之间近似呈线性关系,拟合后所得到的直线斜率随着水分含量的降低而逐渐减小。图 4-6 中所有数据均来自于脱水的第 2 阶段与第 3 阶段,在脱水的第 1 阶段所脱除的水分接近自由水,受到羧基官能团的影响很弱,羧基官能团的作用对其脱除所需能量的影响与水的汽化潜热相比可以忽略。

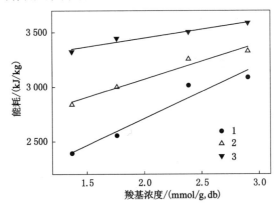

图 4-6 水分含量相同时从煤样中脱出水分所需要的能量与羧基官能团含量的关系
1——0.2 g/g,db;2——0.15 g/g,db;3——0.1 g/g,db

如图 4-2 所示,在脱水的第 1 阶段和第 3 阶段,水分含量与煤表面羧基官能团含量之比相同时,从不同煤样中脱除水分所需要的能量无明显差别;在脱水的第 2 阶段,即使水分含量与煤表面羧基官能团含量之比相同时,从不同煤样中脱除水分所需要的能量仍存在明显差异。在脱水的第 1 阶段,所脱除的水分主要为颗粒间孔与大孔中的自由水,煤表面对其的吸附作用可以忽略。在脱水的第 2 阶段,煤样中的水分子并非仅受到单个官能团的影响,而且还受到附近其他官能团以及水分子的影响。煤样中羧基含量较高时,羧基间的平均距离较近,相邻羧基周围所形成的水簇中外层的水分子间距离很短,除了受到对其起主导作用的羧基的吸附之外,周边的其他羧基官能团对其影响也较为强烈,与煤样中羧基含量较低时相比水分子受到褐煤表面的吸附作用更强,因此在脱除时所需要的能量也更高。在脱水过程的第 3 阶段,平均每个羧基官能团吸附的水分子数量低于 2.5，水分子主要以单层吸附或者多层吸附的形式吸附于煤炭表面的官能团周围，这种吸附作用较强，与之相比来自相邻的官能团及周边的水分子的影响可以忽略，因此在此阶段，水分含量与煤表面羧基官能团含量之比相同时，从不同煤样中脱除水分所需要的能量无明显差别。

不同煤样进入脱水过程的第 2 阶段时水分含量与煤表面羧基官能团含量之比也不同，如图 4-2 所示，四种煤样按照羧基官能团含量从高到低依次进入脱水过程的第 2 阶段时，水分含量与煤表面羧基官能团含量之比从高到低排列。煤样表面羧基官能团含量高时，活性位点密集，随着水分的脱除，水分子更容易受到多个羧基官能团以及周围水分子的影响，因而水分脱除时所需的能量更快达到 2 300 kJ/kg，在水分含量与煤表面羧基官能团含量之比较高时进入脱水过程的第 2 阶段。

4.4 脱水过程能耗数值计算

为了研究脱水过程中所需能量的数值计算方法，用式(4-8)对脱水过程能耗和煤中水分含量关系的实验数据进行数值拟合：

$$E_{\text{dewatering},t} = A + B_1 M_t + B_2 M_t^2 + B_3 M_t^3 \tag{4-8}$$

式中 $E_{\text{dewatering},t}$ ——脱水过程中所需能量，kJ/kg。

M_t —— t 时刻煤样中的水分含量，g/g drycoal；

A、B_1、B_2、B_3 ——常数。

拟合结果如表 4-4 所示。

表 4-4　式(4-8)对脱水过程能耗和煤中水分含量的关系数值拟合参数

	昭通	小龙潭	胜利高灰	胜利低灰
A	4 175.85	4 162.07	4 185.34	4 263.04
B_1	−5 225.97	−6 845.41	−10 312.80	−16 116.90
B_2	4 799.93	8 329.26	17 754.82	43 138.15
B_3	−1 464.92	−3 371.69	−9 354.49	−37 773.40
R^2	0.998 27	0.998 80	0.999 52	0.998 73

表 4-4 中数据显示，对昭通褐煤、小龙潭褐煤、胜利高灰褐煤、胜利低灰褐煤的脱水过程所需能量的拟合结果的 R^2 值均在 0.99 以上，与实验结果吻合度高。对四种煤样脱水过程所需能量的拟合所得的 A 值较为接近，根据前述分析，在脱水的第 3 阶段时从四种煤样中脱除水分为通过多层吸附和单层吸附作用而吸

附于官能团的水分,直接受到官能团强烈的吸附作用,其他吸附作用可以忽略,因此可假设在煤样中水分含量趋近于 0 时四种煤样中的水分子受到了相同的吸附作用,脱除时所需的能量也相同,即 A 值相同。可取四种煤样 A 值的平均值 4 196.57 作为 A 值,用式(4-8)对脱水过程能耗和煤中水分含量关系的实验数据进行数值拟合,结果如表 4-5 所示。

表 4-5 式(4-8)对脱水过程能耗和煤中水分含量的关系数值拟合参数($A=4\ 196.57$)

	昭通	小龙潭	胜利高灰	胜利低灰
A	4 196.57	4 196.57	4 196.57	4 196.57
B_1	$-5\ 354.37$	$-7\ 101.42$	$-10\ 471.30$	$-14\ 907.30$
B_2	5 012.11	8 836.09	18 352.61	37 245.59
B_3	$-1\ 567.21$	$-3\ 664.41$	$-10\ 012.40$	$-29\ 389.60$
R^2	0.999 94	0.999 95	0.999 98	0.999 93

表 4-5 中数据显示当设定 A 为 4 196.57 时,对四种煤样的脱水过程拟合结果的 R^2 值均在 0.999 9 以上,与实验结果高度吻合;B_1、B_2、B_3 的数值随着煤样中羧基官能团含量的变化单调增加或减少,如图 4-7 所示。

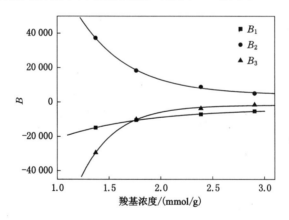

图 4-7 表 4-5 中 B_1、B_2、B_3 的数值与煤样中羧基含量的关系

经分析发现 B_1、B_2、B_3 的数值与煤样中羧基含量符合单指数衰减分布(ExpDec1),用式(4-9)对图 4-7 中数值进行拟合,拟合参数见表 4-6。

$$B = B_0 + C\exp\left(-\frac{M_{\mathrm{carboxyl}}}{D}\right) \tag{4-9}$$

表 4-6	式(4-9)对图 4-7 中数值拟合参数		
	B_1	B_2	B_3
B_0	$-3\,797.17$	$4\,121.24$	$-1\,758.52$
C	$-60\,624.67$	$570\,182.30$	$-1\,706\,330.00$
D	$0.805\,67$	$0.480\,95$	$0.332\,14$
R^2	$0.996\,97$	$0.995\,75$	$0.996\,08$

将表 4-6 中数值拟合参数分别代入式(4-9)得：

$$B_1 = -3\,797.17 - 60\,624.67\exp(-M_{carboxyl}/0.805\,67) \tag{4-10}$$

$$B_2 = 4\,121.24 + 570\,182.3\exp(-M_{carboxyl}/0.480\,95) \tag{4-11}$$

$$B_3 = -1\,758.52 - 1\,706\,330\exp(-M_{carboxyl}/0.332\,14) \tag{4-12}$$

将式(4-10)、式(4-11)、式(4-12)以及 A 的值代入式(4-8)得：

$$
\begin{aligned}
E_{dewatering,t} = {} & 4\,196.57 + [-3\,797.17 - 60\,624.67\exp(-M_{carboxyl}/0.805\,67)]M_t + \\
& [4\,121.24 + 570\,182.3\exp(-M_{carboxyl}/0.480\,95)]M_t^2 + \\
& [-1\,758.52 - 1\,706\,330\exp(-M_{carboxyl}/0.332\,14)]M_t^3 \tag{4-13}
\end{aligned}
$$

图 4-8 为式(4-13)计算值与图 4-1 中实验值的对比，式(4-13)的计算结果与实验结果相符合，误差在可接受范围内。

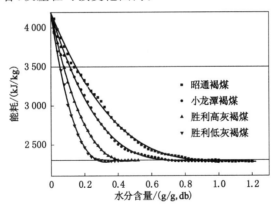

图 4-8　脱水过程能耗随煤中水分含量变化的计算值与实验值对比

煤样中水分含量与羧基含量之比可用式(4-14)表示：

$$R_{moisture/carboxyl,t} = \frac{M_t}{M_{carboxyl}} \tag{4-14}$$

式中，$R_{moisture/carboxyl,t}$ 为 t 时刻煤样中水分含量与羧基含量之比，g/mmol。

式(4-14)可转换成式(4-15)：

$$M_t = M_{corboxyl} R_{misture/carboxyl,t} \tag{4-15}$$

将式(4-15)代入式(4-13)中可得：

$$
\begin{aligned}
E_{dewatering,t} = {} & 4\ 196.57 + \left[-3\ 797.7 - 60\ 624.67 \exp\left(-\frac{M_{carboxyl}}{0.805\ 67} \right) \right] \times \\
& M_{carboxyl} R_{moisture/carboxyl,t} + \\
& \left[4\ 121.24 + 570\ 182.3 \exp\left(-\frac{M_{carboxyl}}{0.480\ 95} \right) \right] \times \\
& M_{carboxyl} R_{moisture/carboxyl,t}^2 + \\
& \left[-1\ 758.52 + 1\ 706\ 330 \exp\left(-\frac{M_{carboxyl}}{0.332\ 14} \right) \right] \times \\
& M_{carboxyl} R_{moisture/carboxyl,t}^3
\end{aligned}
\tag{4-16}
$$

式(4-16)的计算值与图 4-2 中实验值的对比如图 4-9 所示。

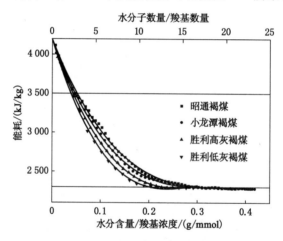

图 4-9 脱水过程能耗随水分含量与煤表面羧基官能团
含量之比变化的计算值与实验值对比

通过式(4-13)与式(4-16)所获得的计算值在实验范围内与实验值的误差在可接受的范围内，可用于计算基于羧基官能团影响下的脱水过程中从煤中脱除水分所需要的能量。

4.5 本章小结

本章测定了煤炭脱水过程中的能量消耗，基于脱水过程能量消耗分析了煤样性质对脱水过程的影响，建立了脱水过程能耗与煤样性质的数值关系。主要结论如下：

（1）从煤样中脱除单位质量的水分所需能量随着脱水过程的进行而不断增加，基于脱水过程能量消耗将脱水过程划分为 3 个阶段：第 1 阶段，脱水所需要的能量不高于 2 300 kJ/kg，主要脱除存在于褐煤颗粒间孔与大孔中的水分；第 2 阶段，脱水所需要的能量为 2 300～3 500 kJ/kg，脱除的水分主要为存在于尺寸较小的孔隙和毛细管中的水分以及官能团周围的水簇；第 3 阶段，脱水所需要的能量不低于 3 500 kJ/kg，脱除的水分主要为直接受到官能团的作用而吸附于煤表面的水分。

（2）煤中羧基官能团对脱水过程的影响起到主导作用，从无烟煤到褐煤，煤中水分含量随着羧基官能团含量的增加近似于线性增加，在各个脱水阶段中脱除的水分含量与煤样中羧基官能团浓度呈线性关系。

（3）煤中羧基官能团对脱水过程能耗具有重要影响。在煤样中水分含量相同时，随着羧基官能团含量越多每个羧基平均吸附的水分子数量越少，羧基对水分子的吸附作用越强烈，脱除时所需要的能量越高；从脱水的第 2 阶段开始，在煤样中水分含量相同时，脱除水分所需要的能量随羧基官能团含量增加近似线性增加。

（4）获得了基于褐煤表面羧基官能团浓度影响下的脱水过程能量消耗的数值计算方法，为褐煤振动热压脱水过程模拟奠定基础。

5 褐煤振动热压脱水过程数值分析与模拟

本章基于前述温度场、机械力场、振动力场对于脱水过程作用机理的分析，以及脱水过程所需能量的分析，从温度对褐煤中水分的活化作用、机械压力对活化了的水分的挤压作用以及振动力对脱水过程的促进作用三个方面建立了褐煤振动热压脱水数学模型。

5.1 热能对褐煤中水分活化作用分析计算

褐煤中的水分可以被划分为微小的流动单元，当此流动单元具有足够克服煤表面的束缚所需要的能量时，便具有发生位移的可能性、离开煤-水体系，这一过程从宏观上表现为脱水过程。

从统计热力学中可知，每个流动单元的平均能量为 kT，其中 k 为玻耳兹曼常数，T 为温度（K）。温度的升高能够使煤中水分具有更高的能量，使更多的水分能够摆脱褐煤表面的吸附作用，从而能够在褐煤内部孔隙及颗粒间孔隙中移动，具有在热压及振动热压过程中被挤压脱除的可能性。

在对于褐煤热压脱水的研究中，常将煤样的孔看作水分迁移的通道，并用孔隙率等指标作为衡量水分迁移阻力的重要参数[33,34,37,38]。在褐煤热压脱水过程中孔几乎完全被水分充满，其中包括受到褐煤表面的吸附作用而无法自由移动的水分，这部分水分所占据的孔空间无法作为水分迁移的通道，因此区分脱水过程中褐煤中水分的状态有助于更好地描述脱水过程。

流动单元的实际热能分布应服从玻耳兹曼分布，可将水分子视为最小的流动单元，则流动单元的玻耳兹曼速率分布如式（5-1）所示：

$$f(v) = 4\pi \left(\frac{m}{2\pi k T} \right)^{\frac{3}{2}} \mathrm{e}^{-\frac{mv^2}{2kT}} v^2 \tag{5-1}$$

式中 m——水分子的质量，2.99×10^{-26} kg；

$\quad\quad k$——玻耳兹曼常数，$1.380\ 658 \times 10^{-23}$ J/K。

假设速率为 v 的单位质量水分子具有的能量为 E，则

$$E = \frac{1}{2} v^2 \times 10^{-3} \tag{5-2}$$

式中，E 为单位质量水分子具有的能量，kJ/kg。

式(5-2)可写成

$$v = \sqrt{2\,000E} \tag{5-3}$$

将式(5-3)代入式(5-1)可得到流动单元的实际热能分布：

$$f(E) = 8\,000\pi\left(\frac{m}{2\pi kT}\right)^{\frac{3}{2}}\mathrm{e}^{-\frac{1\,000mE}{kT}}E \tag{5-4}$$

不同温度下流动单元的能量分布如图 5-1 所示。

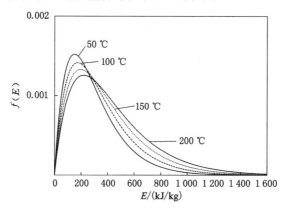

图 5-1　不同温度下流动单元的能量分布

流动单元所具有的能量大于 E 的概率如式(5-5)：

$$F(E) = \frac{\displaystyle\int_{E}^{\infty} 8\,000\pi\left(\frac{m}{2\pi kT}\right)^{\frac{3}{2}}\mathrm{e}^{-\frac{1\,000mE}{kT}}E\,\mathrm{d}\sqrt{2\,000E}}{\displaystyle\int_{0}^{\infty} 8\,000\pi\left(\frac{m}{2\pi kT}\right)^{\frac{3}{2}}\mathrm{e}^{-\frac{1\,000mE}{kT}}E\,\mathrm{d}\sqrt{2\,000E}} \tag{5-5}$$

由于

$$\int_{0}^{\infty} 8\,000\pi\left(\frac{m}{2\pi kT}\right)^{\frac{3}{2}}\mathrm{e}^{-\frac{1\,000mE}{kT}}E\,\mathrm{d}\sqrt{2\,000E} = 1 \tag{5-6}$$

式(5-5)可简化为

$$F(E) = \int_{E}^{\infty} 16\,000\sqrt{5}\,\pi\left(\frac{m}{2\pi kT}\right)^{\frac{3}{2}}\mathrm{e}^{-\frac{1\,000mE}{kT}}E^{\frac{1}{2}}\,\mathrm{d}E \tag{5-7}$$

不同温度下流动单元所具有的能量大于 E 的概率如图 5-2 所示，根据第 3 章的分析，当流动单元所具有的能量大于克服阻碍其运动所需的能量时，便具有被脱除的可能性。因此，计算出煤中水分脱除时所需的能量即可获得在脱水的任意时刻煤中可自由移动的水分含量。

按照第 4 章所述方法，基于 TG-DSC 测试结果的昭通褐煤、小龙潭褐煤、蒙东褐煤的脱水过程所需能量可分别用式(5-8)至式(5-10)表示：

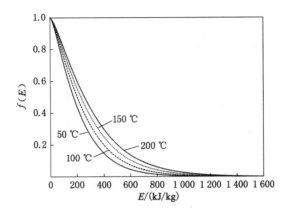

图 5-2 不同温度下流动单元的能量大于 E 的概率

$$E_{\text{dewatering},t} = 4\ 196.57 - 5\ 354.37 M_t + 5\ 012.11 M_t^2 - 1\ 567.21 M_t^3 \quad (5\text{-}8)$$

$$E_{\text{dewatering},t} = 4\ 196.57 - 7\ 101.42 M_t + 8\ 836.09 M_t^2 - 3\ 664.41 M_t^3 \quad (5\text{-}9)$$

$$E_{\text{dewatering},t} = 4\ 196.57 - 11\ 215.41 M_t + 19\ 124.87 M_t^2 - 10\ 547.24 M_t^3$$
$$(5\text{-}10)$$

在热压脱水与振动热压脱水过程中水分以液态形式脱除，无须消耗汽化潜热，而基于 TG-DSC 测试结果所获得的脱水过程所需能量包含了水分汽化所需要的能量，因此将昭通褐煤、小龙潭褐煤、蒙东褐煤的脱水过程所需能量计算公式应用于热压脱水与振动热压脱水时需扣除水的汽化潜热（2 257.6 kJ/kg，0.1 MPa），分别为：

$$E_{\text{1dewatering},t} = 1\ 938.97 - 5\ 354.37 M_t + 5\ 012.11 M_t^2 - 1\ 567.21 M_t^3 \quad (5\text{-}11)$$

$$E_{\text{1dewatering},t} = 1\ 938.97 - 7\ 101.42 M_t + 8\ 836.09 M_t^2 - 3\ 664.41 M_t^3 \quad (5\text{-}12)$$

$$E_{\text{1dewatering},t} = 1\ 938.57 - 11\ 215.41 M_t + 19\ 124.87 M_t^2 - 10\ 547.24 M_t^3$$
$$(5\text{-}13)$$

式中，$E_{\text{1dewatering},t}$ 为非蒸发脱水过程中所需能量，kJ/kg。

对式(5-11)至式(5-13)求反函数可获得昭通褐煤、小龙潭褐煤、蒙东褐煤在脱水过程中某一状态时脱水所需能量与水分含量的对应关系，以便于后续计算。对式(5-11)至式(5-13)求反函数的结果如式(5-14)至式(5-17)所示：

$$M_t = \{[(3.19 \times 10^{-4} \times E_{\text{1dewatering},t} - 9.03 \times 10^{-3})^2 + 1.38 \times 10^{-8}]^{0.5} -$$
$$3.19 \times 10^{-4} \times E_{\text{1dewatering},t} + 9.03 \times 10^{-3}\}^{\frac{1}{3}} - 2.40 \times 10^{-3} \times$$
$$\{[(3.19 \times 10^{-4} \times E_{\text{1dewatering},t} - 9.03 \times 10^{-3})^2 + 1.38 \times 10^{-8}]^{0.5} -$$
$$3.19 \times 10^{-4} \times E_{\text{1dewatering},t} + 9.03 \times 10^{-3}\}^{-\frac{1}{3}} + 1.07 \quad (5\text{-}14)$$

$$M_t = \{[(3.25\times10^{-4}\times E_{1\text{dewatering},t}-8.22\times10^{-3})^2+4.52\times10^{-8}]^{0.5}-$$
$$3.25\times10^{-4}\times E_{1\text{dewatering},t}+8.22\times10^{-3}\}^{\frac{1}{3}}-2.770\times10^{-3}\times$$
$$\{[(3.25\times10^{-4}\times E_{1\text{dewatering},t}-8.22\times10^{-3})^2+4.52\times10^{-8}]^{0.5}-$$
$$3.25\times10^{-4}\times E_{1\text{dewatering},t}+8.22\times10^{-3}\}^{-\frac{1}{3}}+0.82 \tag{5-15}$$

$$M_t = \{[(1.36\times10^{-4}\times E_{1\text{dewatering},t}-5.02\times10^{-3})^2+4.01\times10^{-12}]^{0.5}-$$
$$1.36\times10^{-4}\times E_{1\text{dewatering},t}+5.02\times10^{-3}\}^{\frac{1}{3}}-9.40\times10^{-5}\times$$
$$\{[(1.36\times10^{-4}\times E_{1\text{dewatering},t}-5.02\times10^{-3})^2+4.01\times10^{-12}]^{0.5}-$$
$$1.36\times10^{-4}\times E_{1\text{dewatering},t}+5.02\times10^{-3}\}^{-\frac{1}{3}}+0.48 \tag{5-16}$$

图 5-3 为式(5-14)至式(5-16)计算值与实验数据的对比,计算值与实验数据基本吻合。

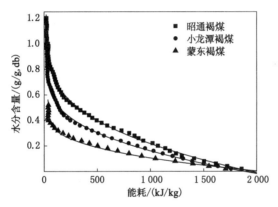

图 5-3　褐煤在脱水过程中水分含量与脱水所需能量
的关系计算值与实验值对比

对 M_t 求导数可得到在脱水所需能量变化值为 $\Delta E_{1\text{dewatering},t}$ 的区间内所对应的水分含量变化与脱水所需能量间的关系,即 M'_t。则有

$$M_{\text{act},t} = \int_{E_{1\text{dewatering},t}}^{\infty} M'_t F(E)\mathrm{d}E \tag{5-17}$$

式中,$M_{\text{act},t}$ 为 t 时刻煤样中所具有的能量高于脱水所需能量的水分含量,即"活化的水",g/g。

将式(5-7)代入式(5-17)可得:

$$M_{\text{act},t} = \int_{E_{1\text{dewatering},t}}^{\infty} M'_t \left(\int_{E_{1\text{dewatering},t}}^{\infty} 16\,000\,\sqrt{5}\,\pi \left(\frac{m}{2\pi kT}\right)^{\frac{3}{2}} \mathrm{e}^{-\frac{1\,000\,mE}{kT}} E^{\frac{1}{2}}\,\mathrm{d}E \right) \mathrm{d}E$$
$$\tag{5-18}$$

式中，$E_{\mathrm{1dewatering},t}$ 为 M_t 的函数；对于同一种煤样 $M_{\mathrm{act},t}$ 为温度 T 和水分含量 M_t 的函数 $M_{\mathrm{act},t} = f(T, M_t)$，即将式(5-14)至式(5-17)代入式(5-18)可获得四种褐煤在热压脱水过程的某一时刻活化的水分含量与实际水分含量的关系，如图 5-4 所示。

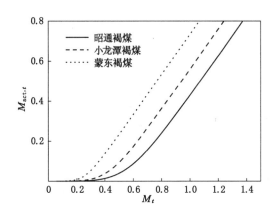

图 5-4　褐煤在热压脱水过程中活化的水分含量与实际水分含量的关系(150 ℃)

褐煤中处于活化状态的水分在微观上能够自由移动，在外在潜能(机械压力、振动力等)的作用下产生宏观的定向移动，从而实现水分从褐煤中脱除。随着脱水过程的进行，处于活化状态的水分含量随着褐煤中水分含量的降低而降低，这是脱水速率逐渐降低的重要原因之一。褐煤中处于活化状态的水分所占据的孔空间，可以作为有效的水分迁移通道，由分析可知，水分迁移的有效通道也随着脱水过程的进行而不断降低，从而使得脱水速率不断降低。

5.2　机械压力挤压脱水作用分析计算

褐煤振动热压脱水与热压脱水过程中为克服褐煤表面束缚的水分在外力作用下在褐煤空隙中的渗流过程，其渗流规律符合达西流动定律[38,54]，可用达西流动方程描述。

$$Q = \frac{KA\Delta P}{\mu L} \tag{5-19}$$

式中　Q——渗流流量，$\mathrm{m^3/s}$；

　　　K——渗透系数，$\mathrm{m^2}$；

　　　A——流动断面面积，等于实验模具截面积，$\mathrm{m^2}$；

　　　ΔP——渗流压降，Pa；

μ——水的动力黏度，Pa·s；

L——渗流长度，m。

可以认为在脱水过程中水分和煤样都没有损耗，因此煤样中在单位时间内减少的水分即为水分在煤样与滤膜界面处的渗流流量，可用式（5-20）表示：

$$\frac{\partial M_t}{\partial t} m_{\text{coal,d}} = \frac{KA\Delta P}{\mu \dfrac{H_t}{2}} \tag{5-20}$$

式中，$m_{\text{coal,d}}$ 为煤样干燥基质量，kg。

由于所用实验装置的模具上下端面均设有滤膜和出水口，因此水分渗流长度为煤样高度的二分之一。煤样高度可用下式表示：

$$L = \frac{H_t}{2} = \frac{\dfrac{M_t m_{\text{coal,d}}}{\rho_{\text{water}}} + \dfrac{m_{\text{coal,d}}}{\rho_{\text{He}}}}{2A} \tag{5-21}$$

式中，H_t 为脱水过程中 t 时刻煤样高度，m。

Bergins 和 Guo 等[34,37]的研究认为褐煤热压脱水过程中的水分渗流特性符合土力学中的渗流理论，Taylor[146]提出了孔隙率与渗透系数的关系式：

$$K = C\frac{e^m}{1+e} \tag{5-22}$$

式中　C——物性参数；

m——经验指数，一般为 5；

e——煤样孔隙率。

孔隙率用下式定义：

$$e_t = \frac{\dfrac{M_t}{\rho_{\text{water}}}}{\dfrac{1}{\rho_{\text{He}}}} \tag{5-23}$$

但是 Bergins 的研究结果表明不同温度下渗透系数与孔隙率的数值关系呈现明显差异，本书的分析认为不同温度下煤中能够自由移动的水分含量不同，导致可作为水分迁移通道的孔隙不同，因此本书采用能够体现温度作用的有效孔隙率替代式（5-22）中的孔隙率，即：

$$K_t = C\frac{e_{\text{eff},t}^m}{1+e_{\text{eff},t}} \tag{5-24}$$

式中，$e_{\text{eff},t}$ 为 t 时刻煤样的有效孔隙率，其定义如式（5-25）。

$$e_{\text{eff},t} = \frac{\dfrac{M_{\text{acc},t}}{\rho_{\text{water}}}}{\dfrac{1}{\rho_{\text{He}}} + \dfrac{M_t - M_{\text{acc},t}}{\rho_{\text{water}}}} \tag{5-25}$$

式中 ρ_{water}——水的密度，g/cm^3；

  ρ_{He}——褐煤的真密度，g/cm^3。

物性参数可以通过测定煤样的孔隙率和渗透率后计算获得。理想状态下，对孔隙率的测定应选用结构均一的样品，但是由于煤样的不均一性与实验过程的影响，测试样品的结构并不完全均匀。为减少样品不均所导致的误差，本书中对每种煤样选取五个不同孔隙率的样品重复三次测定，分别计算物性参数 C 的数值后取平均值作为煤样的物性参数，结果如表 5-1 所示。

表 5-1 褐煤物性参数 C 的数值

煤种	昭通褐煤	小龙潭褐煤	蒙东褐煤
C	1.18×10^{-13}	9.20×10^{-15}	8.93×10^{-15}

渗流压降 ΔP 可用下式表示：

$$\Delta P = P_1 - P_b \tag{5-26}$$

式中 P_1——液相分压力，Pa；

  P_b——渗流界面背压，Pa。

根据压力平衡方程：

$$P_1 + P_s = P_p - P_f \tag{5-27}$$

式中 P_s——固相分压力，Pa；

  P_p——活塞向煤样施加的压力，Pa；

  P_f——煤样与模具壁面间的摩擦力，Pa。

在没有振动力时，活塞向煤样施加的压力为机械压力，即：

$$P_p = P_m \tag{5-28}$$

式中 P_m——机械压力，Pa。

在本书所涉及的实验中由于每次使用煤样较少，煤样厚度较小，活塞施加的压力与煤样另一端所检测的压力的差值可以忽略，即煤样与模具壁面间的摩擦力可以忽略，因此：

$$P_1 = P_p - P_s \tag{5-29}$$

Wheeler 等[38]的分析表明在热压脱水过程中固相分压力与孔隙率（e）之间存在函数关系。温度升高会使褐煤中的沥青质发生软化，从而在孔隙率相同的情况下降低褐煤中固相的承压能力，因此在热压脱水过程中固相分压力还应和实验温度有关。本书 5.1 部分的分析认为在振动热压脱水过程中褐煤中的水分并不是全部处于能够自由移动的状态，一部分水分由于受到褐煤的束缚无法自由移动，因此无法有效传递液体的分压力，相反，这部分水分由于和褐煤固相间形成相对紧密关系以及稳固的相对位置,因此可以有效地承担、传递固相的分压力。

褐煤热压脱水过程中固相分压力可以表示为温度 T 与有效孔隙率 $e_{\text{eff},t}$ 的函数:

$$P_{\text{s},t} = f(T, e_{\text{eff},t}) \tag{5-30}$$

式中,$P_{\text{s},t}$ 为 t 时刻固相分压力,Pa。

因此

$$P_{\text{l},t} = F(P_{\text{p}}, T, e_{\text{eff},t}) \tag{5-31}$$

式中,$P_{\text{l},t}$ 为 t 时刻液相分压力,Pa。

根据实验数据与理论分析可得出 $P_{\text{l},t}$ 的计算公式:

$$P_{\text{l},t} = P_{\text{p}} \times \left\{ 1 - \frac{1}{1+k \times [(273.13+T) \times 10^{-2}]^2 \times e_{\text{eff},t}} \right\} \tag{5-32}$$

式中,k 为物性参数,见表 5-2。

表 5-2　　　　　　　　　　褐煤物性参数 k 的数值

煤种	昭通褐煤	小龙潭褐煤	蒙东褐煤
k	0.6	0.35	0.3

昭通褐煤、小龙潭褐煤、蒙东褐煤在振动热压脱水过程中液相分压力的计算式与实验值如图 5-5 所示,两者基本吻合。

液体水的动力黏度受压力的影响很小,与温度的关系很大,通过查表可获得不同温度下水的动力黏度(见表 5-3),水的动力黏度随温度的变化趋势如图 5-6 所示。渗流流量与水的动力黏度成反比,随着温度的升高水的动力黏度明显降低,因此在其他物性参数与实验条件相同时,温度的升高能够提升渗流流量,促进脱水过程的进行。

表 5-3　　　　　　不同温度下水的动力黏度 μ(压力 10 MPa)

温度/℃	50	100	125	150	175	200
$\mu/(10^{-6} \text{ Pa} \cdot \text{s})$	5.44	2.81	2.23	1.83	1.52	1.36

式(5-23)中所涉及参数均可确定或表示成机械压力 P_{p}、温度 T、t 时刻褐煤中水分含量 M_t 的函数,能够解出某一确定实验条件下褐煤中水分含量与时间的数值关系,模拟机械热压脱水过程。

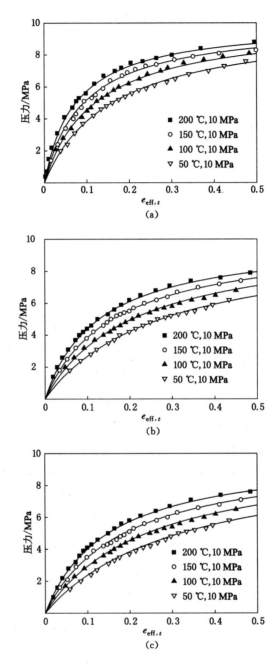

图 5-5　褐煤在脱水过程中液相分压力的计算式与实验值

（a）昭通褐煤；（b）小龙潭褐煤；（c）蒙东褐煤

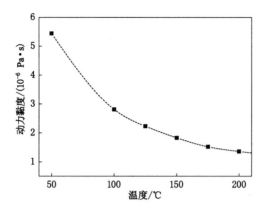

图 5-6　水的动力黏度随温度的变化趋势

5.3　振动力对脱水促进作用分析计算

关于振动力在振动压实过程的作用机理主要有反复载荷学说、共振学说和内部摩擦减小学说等理论[147]，这些理论主要关注点有两方面：一方面，振动力的存在改变了被压材料所承受的载荷；另一方面，振动力的存在改变了被压材料内部颗粒间的受力平衡，降低了相同密实度（即孔隙率）下材料的抗压能力。

在褐煤振动热压脱水过程中，褐煤煤样所受到的实际压力为施加的机械压力与振动力的叠加值。本书 2.3 部分所述的振动力 F_v 为瞬时振动力的绝对值的最大值，即：

$$F_v = |F_{vt}|_{max} \qquad (5-33)$$

式中，F_{vt} 为振动力的瞬时值，N。

褐煤振动热压脱水实验装置采用两台振动电动机，产生的振动力如下：

$$F_{vt} = 2mr\omega^2 \sin\left(\omega t - \frac{\pi}{2}\right) \qquad (5-34)$$

$$\omega = 2\pi f \qquad (5-35)$$

式中，f 为振动频率，Hz。

将式（5-35）代入式（5-34）：

$$F_{vt} = 8mr(\pi f)^2 \sin\left(2\pi f t - \frac{\pi}{2}\right) \qquad (5-36)$$

则振动力作用到单位面积上的力为：

$$P_{vt} = \frac{F_{vt}}{A} \qquad (5-37)$$

式中, P_{vt} 为在单位面积上振动力, Pa。

在褐煤振动热压脱水时活塞向煤样施加的压力为机械压力与振动力之和, 即:

$$P_{pt} = P_m + P_{vt} = P_m + \frac{8mr(\pi f)^2 \sin\left(2\pi ft - \frac{\pi}{2}\right)}{A} \qquad (5-38)$$

在振动力的作用下, 部分褐煤颗粒间会发生相对运动与共振效应, 改变了颗粒界面间的摩擦力、啮合力等受力关系, 使得褐煤颗粒在孔隙率不变的情况更容易被压实。在褐煤振动热压脱水过程中, 振动力对褐煤颗粒间的受力状态的表现为改变了固相分压力, 此时固相分压力可用下式表示:

$$P_{st} = \frac{P_{pt}k_1 k_2}{1 + k \times [(273.13 + T) \times 10^{-2}]^2 \times e_{eff,t}} \qquad (5-39)$$

式中 k_1——振动强度修正系数;

k_2——振动频率修正系数。

通过对实验数据的分析可得到振动强度修正系数与振动频率修正系数的半经验公式:

$$k_1 = 0.84 + \frac{0.16}{1 + \left(\frac{|P_{vt}|_{max}}{2.14}\right)^2} \qquad (5-40)$$

$$k_2 = 0.84 + \frac{|f - 43.5|^{0.1}}{10} \qquad (5-41)$$

褐煤振动热压脱水过程中振动力的作用表现为改变了活塞施加到煤样上的作用力, 从恒定的静载荷变为振动力和机械压力叠加的周期性变化的载荷, 并改变了煤样中固相和液相的分压关系, 增大了液相分压, 从而提升了水分脱除的动力, 促进了脱水过程的进行。在褐煤振动热压脱水过程中煤的液相分压可用下式表示:

$$P_{lt} = P_{pt} \times \left\{ 1 - \frac{k_1 k_2}{1 + k \times [(273.13 + T) \times 10^{-2}]^2 \times e_{eff,t}} \right\} \qquad (5-42)$$

5.4   褐煤振动热压脱水过程模拟

式(5-20)中所涉及的变量为渗透系数(K)、渗流压降(ΔP)、水的动力黏度(μ)、渗流长度(L), 其中水的动力黏度(μ)可查表获得, 渗流长度(L)可表示成水分含量(M_t)的函数, 渗透系数(K)可表示成有效孔隙率($e_{eff,t}$)的函数, 渗流压降(ΔP)可表示成机械压力(P_m)、振动力(P_v)、振动频率(f)、温度(T)与有效孔隙率($e_{eff,t}$)的函数,而有效孔隙率($e_{eff,t}$)为温度(T)与水分含量(M_t)的函数。机械压力(P_m)、振动力(P_v)、振动频率(f)、温度(T)、干燥基煤样质量($m_{coal,d}$)由实验条件确定,相关物性参数由实验结果分析计算确定,初始水分含量(M_0)为初始条件,因此由式(5-20)及相关变量的表达式可计算获得褐煤振动热压脱水后煤样的水分含量以及任意时刻煤样中的水分含量。

昭通褐煤、小龙潭褐煤与蒙东褐煤在不同实验条件下经热压或振动热压脱水过程处理后的水分含量的实验值与计算值如图5-7和图5-8所示,在实验条件范围内计算值与实验值较为接近,变化趋势相符合,但是在一些脱水条件下计算值与实验值有较为明显的差异,这可能是由于样品性质的不均一导致的。首先,原煤煤样的性质难以保证绝对均匀,不同实验测试的原煤样品存在一定的差异;其次,在脱水过程中煤样的各部分特性在水平方向与垂直方向上均存在一定差异[148]。因此,描述褐煤性质的物性参数不能准确无误地代表实际结果,导致了计算值与实验值的差异。

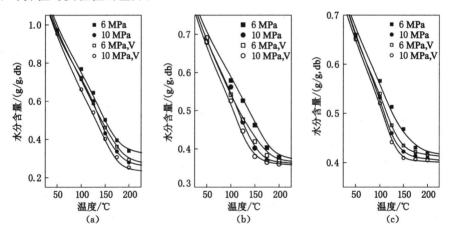

图5-7 不同温度下褐煤热压与振动热压脱水后煤样中水分含量的实验值与计算值对比
(V:振动强度 3.40 MPa,振动频率 50 Hz)
(a) 昭通褐煤;(b) 小龙潭褐煤;(c) 蒙东褐煤

昭通褐煤在不同振动强度与振动频率下经振动热压脱水工艺处理后后水分含量的实验值与计算值如图5-9所示,在实验条件范围内计算结果与实验值较为吻合,变化趋势一致,说明5.3部分对振动力在脱水过程的作用机制的分析与假设能够较好地描述实际情况。鉴于振动过程中颗粒间相对运动与颗粒间机械力变化的复杂性,难以做到对振动过程的准确描述与多振动热压脱水过程的精确预测,本书的计算值与实验值的误差在可接受范围内。

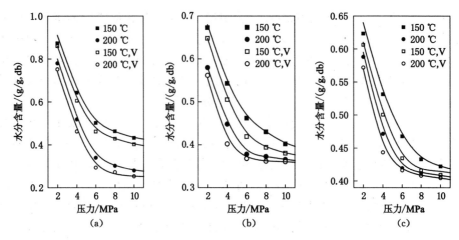

图 5-8　不同机械压力下褐煤热压与振动热压脱水后煤样中水分含量的实验值与计算值对比
（V:振动强度 3.40 MPa,振动频率 50 Hz）

（a）昭通褐煤；（b）小龙潭褐煤；（c）蒙东褐煤

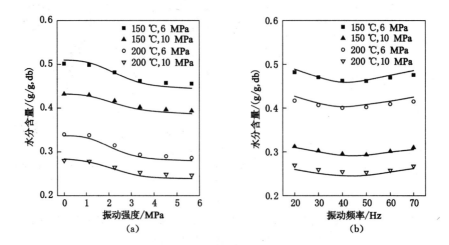

图 5-9　不同振动条件下昭通褐煤振动热压脱水后水分含量的实验值与计算值对比

（a）振动强度（振动频率 50 Hz）；（b）振动频率（振动强度 3.40 MPa）

　　振动热压与热压脱水过程中昭通褐煤的水分含量随时间变化的实验值与计算值如图 5-10 与图 5-11。图 5-10 为振动热压与热压脱水过程中昭通褐煤中水分含量的实验值与计算值,计算值在脱水过程的某些时段与实验值存在较大的误差,例如温度为 200 ℃、机械压力为 6 MPa、振动强度为 3.40 MPa、振动频率为 50 Hz 时,在第 5 min 与第 15 min 之间计算值较明显低于实验值,但是误差仍在可接受范围内。不同煤样质量下昭通褐煤热压与振动热压脱水过程中水分含量实验值与计算值对比如图 5-11 所示,计算结果能够准确地描述煤样质量对脱水过程的影响。

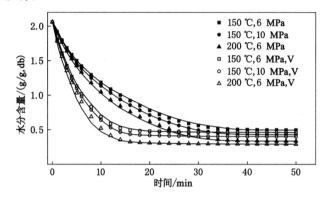

图 5-10　振动热压脱水过程中昭通褐煤中水分含量的实验值与计算值对比
(V:振动强度 3.40 MPa,50 Hz)

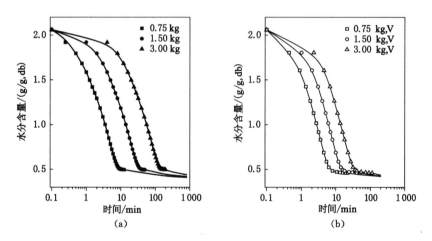

图 5-11　不同煤样质量下昭通褐煤热压与振动热压脱水过程中水分含量实验值
与计算值对比(150 ℃,6 MPa,V:振动强度 3.40 MPa,振动频率 50 Hz)
(a) 热压脱水;(b) 振动热压脱水

综上所述,本章提出的褐煤振动热压脱水过程数学模型能够较为准确地描述振动热压与热压脱水处理后的煤样中水分含量以及在脱水过程中煤样中水分含量的变化趋势,可以用于模拟褐煤振动热压脱水过程。

5.5 本章小结

本章基于温度场、机械力场、振动力场对于脱水过程作用机理的分析,建立了褐煤振动热压脱水过程数学模型。主要结论如下:

(1)基于温度对煤样中水分的活化作用与脱水过程能耗计算了振动热压与热压脱水过程中煤样的活化水分含量。

(2)提出了煤中活化水分所占据的空间为脱水过程中水分迁移的有效通道,定义了有效孔隙率;使用有效孔隙率替代常用的孔隙率概念,并应用于褐煤振动热压脱水过程模拟。

(3)建立了热压脱水过程中煤中固相与液相分压的数值关系,并应用半经验公式对其进行修正,获得了振动热压脱水过程中煤中固相与液相分压的数值关系。

(4)建立了褐煤振动热压脱水过程数学模型,模拟结果与实验结果基本吻合,可用于褐煤振动热压脱水过程预测。

6　研 究 结 论

本书基于褐煤振动热压脱水成型实验,研究褐煤在温度场、机械压力场和振动力场协同作用下的脱水与无黏结剂成型特性,分析了多能量场协同作用下煤质特性对褐煤脱水与无黏结剂成型的作用机制,建立了褐煤振动热压脱水过程数学模型。主要结论如下:

(1)提出了褐煤振动热压脱水工艺。振动力场的作用能够提升褐煤热压脱水的脱水率,在温度、机械压力相同时获得更低水分含量的褐煤,并能够促进热压脱水过程的进行,提高脱水速率。振动热压脱水工艺能够有效脱除褐煤中的水分,在 200 ℃、10 MPa、振动强度为 3.40 MPa 的情况下,昭通褐煤中 80.0% 的水分被脱除,比热压脱水工艺高出 10% 左右。

(2)研究了不同温度、机械压力与振动条件下振动热压与热压过程对昭通褐煤、小龙潭褐煤与蒙东褐煤中水分的脱除效果,并分析了脱水后煤样的物理化学结构变化,探讨了温度场、机械力场与振动力场对脱水过程的作用机理。

① 温度的升高使褐煤中更多的水分处于活化状态,在单位时间内更多的水分流动单元能够越过能量势垒,提高了流动单元定向移动的速率,促进了水分的脱除。

② 机械压力的升高提升了煤样中液相的分压力,在水分出口压力不变的情况下,提升了褐煤中水分渗流压降,获得更高的体积流速,促进了脱水过程的进行。机械压力的升高也提高了褐煤中固相的分压力,在较高的压力能够降低煤样的孔隙率,降低了脱水后褐煤中水分含量。

③ 振动强度的提升有助于降低褐煤中的水分含量,振动强度在 1.13 MPa 至 3.40 MPa 的范围内变化能够对褐煤振动热压脱除产生较为明显的影响。当振动频率与煤样的固有频率较为接近时脱水效果最好,过高或者过低的振动频率会使振动力对脱水的促进作用产生负面影响。

④ 振动热压脱水过程将水分脱除到某一定值所需时间明显低于热压脱水过程,具有更高的脱水效率。在初始煤样质量较大时,振动力对热压脱水过程的促进更加明显,完成同样的脱水过程振动热压脱水所需的时间远低于热压脱水,使脱水效率得到大幅度的提升。

⑤ 随着脱水的进行,褐煤的孔隙率持续降低,褐煤的孔径分布发生显著改变,颗粒间孔与大孔明显降低,中孔有所增加。煤样的平均孔径随水分含量的降

低而减小,但是比表面积没有明显的趋势性变化;较高的脱水温度能够使褐煤表面官能团分解。

(3) 证实了褐煤振动热压脱水成型一体化的可行性,研究了昭通褐煤、小龙潭褐煤与蒙东褐煤在不同实验条件下脱水后获得的型煤的强度,分析了实验条件与煤质特性对振动热压与热压脱水过程中褐煤无黏结剂成型的影响。

① 在实验条件范围内,昭通褐煤和小龙潭褐煤经振动热压脱水过程处理后其型煤强度可达到 935.3 kPa 和 514.2 kPa,能够满足运输、存储的要求。

② 温度的升高能够使煤中焦油沥青等黏结性物质发生软化,增加黏结性,提高脱水后型煤的抗压强度;机械压力的升高能够缩小褐煤颗粒间的间隙,使得褐煤颗粒间的排列更加密实,增加颗粒间的接触面积,提升型煤产品的抗压强度;振动强度的增加能够促进振动热压脱水过程中褐煤中水分的脱除,并且能够促使褐煤颗粒排列得更加紧密,从而提升了型煤产品的抗压强度。但是振动强度过高会破坏褐煤颗粒的结构,不利于褐煤颗粒间形成稳固的作用力,降低型产品的抗压强度;振动频率在褐煤固有频率附近时容易产生共振现象,可取得最好的成型效果,过高或者过低的振动频率均不利于成型。

③ 煤质特性对热压与振动热压脱水过程中褐煤无黏结剂成型特性具有重要影响。脱水后型煤产品中较低的水分含量有利于强化褐煤颗粒表面间的吸引力,提高型煤的抗压强度;腐殖酸以及羧基(—COOH)、羟基(—OH)等官能团能够促进褐煤颗粒表面间氢键的形成,增强颗粒界面间的吸引力,提升型煤产品的抗压强度;在褐煤无黏结成型中型煤强度随褐煤中腐殖酸含量的变化趋势与腐殖酸作为黏结剂时有明显不同。

(4) 测定了煤炭脱水过程中的能量消耗,基于脱水过程能量消耗分析了煤样性质对脱水过程的影响,建立了脱水过程能耗与煤样性质的数值关系。

① 基于脱水过程能量消耗将脱水过程划分为 3 个阶段:第 1 阶段,脱水所需要的能量不高于 2 300 kJ/kg,主要脱除存在于褐煤颗粒间孔与大孔中的水分;第 2 阶段,脱水所需要的能量为 2 300~3 500 kJ/kg,脱除的水分主要为存在于尺寸较小的孔隙和毛细管中的水分以及官能团周围的水簇;第 3 阶段,脱水所需要的能量不低于 3 500 kJ/kg,脱除的水分主要为直接受到官能团的作用而吸附于煤表面的水分。

② 煤中羧基官能团对脱水过程的影响起到主导作用,从无烟煤到褐煤,煤中水分含量随着羧基官能团含量的增加近似于线性增加,在各个脱水阶段中脱除的水分含量与煤样中羧基官能团浓度呈线性关系。在煤样中水分含量相同时,随着羧基官能团含量越多,每个羧基平均吸附的水分子数量越少,羧基对水分子的吸附作用越强烈,脱除时所需要的能量越高;从脱水的第 2 阶段开始,在

煤样中水分含量相同时,脱除水分所需要的能量随羧基官能团含量增加近似线性增加。

③ 获得了基于褐煤表面羧基官能团浓度影响下的脱水过程能量消耗的数值计算方法,为褐煤振动热压脱水过程模拟奠定基础。

(5)基于温度场、机械力场、振动力场对于脱水过程作用机理的分析,建立了褐煤振动热压脱水过程数学模型。基于温度对煤样中水分的活化作用与脱水过程能耗计算了振动热压与热压脱水过程中煤样中活化水分含量;提出了煤中活化水分所占据的空间为脱水过程中水分迁移的有效通道,定义了有效孔隙率;使用有效孔隙率替代常用的孔隙率概念,并应用于褐煤振动热压脱水过程模拟;建立了热压脱水过程中煤中固相与液相分压的数值关系,并应用半经验公式对其进行修正,获得了振动热压脱水过程中煤中固相与液相分压的数值关系;建立了褐煤振动热压脱水过程数学模型,模拟结果与实验结果基本吻合,较为准确地描述了褐煤振动热压脱水过程机理,可用于褐煤振动热压脱水过程预测。

参 考 文 献

[1] MILICI R C,FLORES R M,STRICKER G D. Coal resources,reserves and peak coal production in the United States [J]. International Journal of Coal Geology,2013,113:109-115.

[2] ABBASI-ATIBEH E, YOZGATLIGIL A. A study on the effects of catalysts on pyrolysis and combustion characteristics of Turkish lignite in oxy-fuel conditions[J]. Fuel,2014,115:841-849.

[3] RAO Z,ZHAO Y,HUANG C,et al. Recent developments in drying and dewatering for low rank coals [J]. Progress in Energy and Combustion Science,2015,46:1-11.

[4] SIVRIKAYA O. Cleaning study of a low-rank lignite with DMS, reichert spiral and flotation[J]. Fuel,2014,119:252-258.

[5] GRUBERT E. Reserve reporting in the United States coal industry [J]. Energy Policy,2012,44:174-184.

[6] 杨勇平,杨志平,徐钢,等. 中国火力发电能耗状况及展望[J]. 中国电机工程学报,2013,23:1-11.

[7] YILDIRIM E, ASLAN A, OZTURK I. Coal consumption and industrial production nexus in USA:Cointegration with two unknown structural breaks and causality approaches [J]. Renewable and Sustainable Energy Reviews,2012,16:6123-6127.

[8] TABA L E,IRFAN M F,DAUD W A M W,et al. The effect of temperature on various parameters in coal, biomass and CO-gasification: A review [J]. Renewable and Sustainable Energy Reviews,2012,16:5584-5596.

[9] TABATA T, TORIKAI H, TSURUMAKI M, et al. Life cycle assessment for co-firing semi-carbonized fuel manufactured using woody biomass with coal: A case study in the central area of Wakayama,Japan[J]. Renewable and Sustainable Energy Reviews, 2011,15:2772-2778.

[10] OSMAN H,JANGAM S V,LEASE J D,et al. Drying of low-rank

coal (LRC): A review of recent patents and innovations[J]. Drying Technology,2011,29:1763-1783.

[11] SAKAGUCHI M, LAURSEN K, NAKAGAWA H, et al. Hydrothermal upgrading of Loy Yang brown coal-effect of upgrading conditions on the characteristics of the products[J]. Fuel Processing Technology,2008,89:391-396.

[12] 周国莉. 基于不同能量作用形式的胜利褐煤脱水机理及过程动力学研究[D]. 徐州:中国矿业大学,2013.

[13] YU J, TAHMASEBI A, HAN Y, et al. A review on water in low rank coals: The existence, interaction with coal structure and effects on coal utilization[J]. Fuel Processing Technology,2013,106:9-20.

[14] KARTHIKEYAN M, ZHONGHUA W, MUJUMDAR A S. Low-rank coal drying technologies—current status and new developments [J]. Drying Technology,2009,27:403-415.

[15] WILLSON W G, WALSH D, IRWINC B W. Overview of low-rank coal (LRC) drying[J]. Coal Preparation,1997,18:1-15.

[16] LI C. Some recent advances in the understanding of the pyrolysis and gasification behaviour of Victorian brown coal[J]. Fuel, 2007, 86: 1664-1683.

[17] DOMAZETIS G,BARILLA P,JAMES B D,et al. Treatments of low rank coals for improved power generation and reduction in Greenhouse gas emissions[J]. Fuel Processing Technology,2008,89: 68-76.

[18] WEIGL K, SCHUSTER G, STAMATELOPOULOS G N, et al. Increasing power plant efficiency by fuel drying[J]. Computers and Chemical Engineering,1999,23:S919-S922.

[19] KAKARAS E, AHLADAS P, SYRMOPOULOS S. Computer simulation studies for the integration of an external dryer into a Greek lignite-fired power plant[J]. Fuel,2002,81:583-593.

[20] AGRANIOTIS M, GRAMMELIS P, PAPAPAVLOU C, et al. Experimental investigation on the combustion behaviour of pre-dried Greek lignite[J]. Fuel Processing Technology,2009,90:1071-1079.

[21] MIURA K,MAE K,ASHIDA R,et al. Dewatering of coal through solvent extraction[J]. Fuel,2002,81:1417-1422.

[22] FUJITSUKA H,ASHIDA R,MIURA K. Upgrading and dewatering of low rank coals through solvent treatment at around 350 ℃ and low temperature oxygen reactivity of the treated coals[J]. Fuel, 2013,114:16-20.

[23] IWAI Y,MUROZONO T,KOUJINA Y,et al. Physical properties of low rank coals dried with supercritical carbon dioxide[J]. The Journal of Supercritical Fluids,2000,18:73-79.

[24] IWAI Y,KOUJINA Y,ARAI Y,et al. Low temperature drying of low rank coal by supercritical carbon dioxide with methanol as entrainer[J]. The Journal of supercritical fluids,2002,23:251-255.

[25] KANDA H,MAKINO H. Energy-efficient coal dewatering using liquefied dimethyl ether[J]. Fuel,2010,89:2104-2109.

[26] FAVAS G,JACKSON W R. Hydrothermal dewatering of lower rank coals. 1. Effects of process conditions on the properties of dried product[J]. Fuel,2003,82:53-57.

[27] FAVAS G,JACKSON W R. Hydrothermal dewatering of lower rank coals. 2. Effects of coal characteristics for a range of Australian and international coals[J]. Fuel,2003,82:59-69.

[28] FAVAS G, JACKSON W R, MARSHALL M. Hydrothermal dewatering of lower rank coals. 3. High-concentration slurries from hydrothermally treated lower rank coals[J]. Fuel,2003,82:71-79.

[29] YU Y,LIU J,WANG R,et al. Effect of hydrothermal dewatering on the slurryability of brown coals [J]. Energy Conversion and Management,2012,57:8-12.

[30] WU J,LIU J,ZHANG X,et al. Chemical and structural changes in XiMeng lignite and its carbon migration during hydrothermal dewatering[J]. Fuel,2015,148:139-144.

[31] RACOVALIS L,HOBDAY M D,HODGES S. Effect of processing conditions on organics in wastewater from hydrothermal dewatering of low-rank coal[J]. Fuel,2002,81:1369-1378.

[32] YU Y,LIU J,CEN K. Properties of coal water slurry prepared with the solid and liquid products of hydrothermal dewatering of brown coal[J]. Industrial & Engineering Chemistry Research,2014,53: 4511-4517.

[33] BERGINS C. Kinetics and mechanism during mechanical/thermal dewatering of lignite[J]. Fuel,2003,82:355-364.

[34] BERGINS C. Mechanical/thermal dewatering of lignite. Part 2: A rheological model for consolidation and creep process[J]. Fuel,2004, 83:267-276.

[35] BERGINS C,HULSTON J,STRAUSS K,et al. Mechanical/thermal dewatering of lignite. Part 3: Physical properties and pore structure of MTE product coals[J]. Fuel,2007,86:3-16.

[36] VOGT C, WILD T, BERGINS C, et al. Mechanical/thermal dewatering of lignite. Part 4: Physico-chemical properties and pore structure during an acid treatment within the MTE process[J]. Fuel, 2012,93:433-442.

[37] GUO J, TIU C, UHLHERR P H. Modelling of hydrothermal-mechanical expression of brown coal[J]. The Canadian Journal of Chemical Engineering,2003,81:94-102.

[38] WHEELER R A,HOADLEY A F A,CLAYTON S A. Modelling the mechanical thermal expression behaviour of lignite[J]. Fuel, 2009, 88:1741-1751.

[39] HULSTON J, FAVAS G, CHAFFEE A L. Physico-chemical properties of Loy Yang lignite dewatered by mechanical thermal expression[J]. Fuel,2005,84:1940-1948.

[40] CLAYTON S A, WHEELER R A, HOADLEY A F A. Pore destruction resulting from mechanical thermal expression[J]. Drying Technology,2007,25:533-546.

[41] LI C. Advance in the science of victorian brown coal[M]. Melbourne: Elsevier Science,2004.

[42] ZHANG Y, WU J, MA J, et al. Study on lignite dewatering by vibration mechanical thermal expression process[J]. Fuel Processing Technology,2015,130:101-106.

[43] WOODHEAD P J,CHAPMAN S R,NEWTON J M. The vibratory consolidation of particle size fractions of powders [J]. J Pharm Pharmacol,1983,35:621-626.

[44] LI X,LIU C,HUANG J,et al. Theoretical research and experiment of vibration friction on vibratory compaction experiment system[J].

Advanced Materials Research,2010,118-120:414-418.

[45]王鹏飞,张洪,王建军.振动冲击复合作用下土体的压实机理[J].太原科技大学学报,2007,1:36-42.

[46] ALLARDICE D J,EVANS D G. The brown-coal/water system:Part 1. The effect of temperature on the evolution of water from brown coal[J]. Fuel,1971,50:201-210.

[47] MURRAY J A,EVANS D G. The brown-coal/water system:Part 3. Thermal dewatering of brown coal[J]. Fuel,1972,51:290-296.

[48] EVANS D G. The brown-coal/water system:Part 4. Shrinkage on drying[J]. Fuel,1973,52:186-190.

[49] ALLARDICE D J,EVANS D G. The brown coal/water system:Part 2. Water sorption isotherms on bed-moist Yallourn brown coal[J]. Fuel,1971,50:236-253.

[50] SI C,WU J,WANG Y,et al. Drying of low-rank coals:A review of fluidized bed technologies[J]. Drying Technology,2015,33:277-287.

[51] CHARRIERE D,BEHRA P. Water sorption on coals[J]. Journal of Colloid and Interface Science,2010,344:460-467.

[52] ŠVÁBOVÁ M, WEISHAUPTOVÁ Z, PRIBYL O. Water vapour adsorption on coal[J]. Fuel,2011,90:1892-1899.

[53] MORIMOTO M, NAKAGAWA H, MIURA K. Low rank coal upgrading in a flow of hot water[J]. Energy & Fuels,2009,23:4533-4539.

[54] 万永周.褐煤热压脱水工艺及机理研究[D].徐州:中国矿业大学,2012.

[55] 田靖,刘兵.褐煤干燥技术进展及应用[J].煤化工,2012(3):1-5.

[56] WAJE S S,THORAT B N,MUJUMDAR A S. An experimental study of the thermal performance of a screw conveyor dryer[J]. Drying Technology,2006,24:293-301.

[57] JANGAM S V,KARTHIKEYAN M,MUJUMDAR A S. A critical assessment of industrial coal drying technologies:Role of energy, emissions,risk and sustainability[J]. Drying Technology,2011,29:395-407.

[58] OHM T,CHAE J,KIM J,et al. A study on the dewatering of industrial waste sludge by fry-drying technology [J]. Journal of

Hazardous Materials,2009,168:445-450.

[59] OHM T,CHAE J,LIM J,et al. Experimental study on oil separation from fry-dried low-rank coal[J]. Clean Technology,2013,19:30-37.

[60] SHIN M,KIM H,JANG D,et al. Novel fry-drying method for the treatment of sewage sludge[J]. Journal of Material Cycles and Waste Management,2011,13:232-239.

[61] CHOICHAROEN K, DEVAHASTIN S, SOPONRONNARIT S. Performance and energy consumption of an impinging stream dryer for high-moisture particulate materials[J]. Drying Technology,2009, 28:20-29.

[62] TAHMASEBI A, YU J, LI X, et al. Experimental study on microwave drying of Chinese and Indonesian low-rank coals[J]. Fuel Processing Technology,2011,92:1821-1829.

[63] ZHU J,LIU J,WU J,et al. Thin-layer drying characteristics and modeling of Ximeng lignite under microwave irradiation[J]. Fuel Processing Technology,2015,130:62-70.

[64] 施维轩.典型褐煤热气流及微波干燥提质特性研究[D].武汉:华中科技大学,2011.

[65] 姚连升.褐煤微波干燥及水分迁移特性试验研究[D].济南:山东大学,2015。

[66] AGRANIOTIS M, KARELLAS S, VIOLIDAKIS I. et al. Investigation of pre-drying lignite in an existing Greek power plant [J]. Thermal Science,2012,16:283-296.

[67] JEON D, KANG T, KIM H, et al. Investigation of drying characteristics of low rank coal of bubbling fluidization through experiment using lab scale[J]. Science China Technological Sciences, 2011,54:1680-1683.

[68] TAHMASEBI A,YU J,HAN Y,et al. A kinetic study of microwave and fluidized-bed drying of a Chinese lignite [J]. Chemical Engineering Research and Design,2014,92:54-65.

[69] TAHMASEBI A,YU J,HAN Y,et al. A study of chemical structure changes of Chinese lignite during fluidized-bed drying in nitrogen and air[J]. Fuel Processing Technology,2012,101:85-93.

[70] STOKIE D, WOO M W, BHATTACHARYA S. Comparison of

superheated steam and air fluidized-bed drying characteristics of victorian brown coals[J]. Energy & Fuels,2013,27:6598-6606.

[71] ZHOU Q,ZOU T,ZHONG M,et al. Lignite upgrading by multi-stage fluidized bed pyrolysis[J]. Fuel Processing Technology,2013,116:35-43.

[72] 马有福,郭晓克,肖峰,等. 基于炉烟干燥及水回收风扇磨仓储式制粉系统的高效褐煤发电技术[J]. 中国电机工程学报,2013,5:13-20.

[73] IWAI Y,AMIYA M,MUROZONO T,et al. Drying of coals by using supercritical carbon dioxide[J]. Industrial & Engineering Chemistry Research,1998,37:2893-2896.

[74] NAKAGAWA H,NAMBA A,BÖHLMANN M,et al. Hydrothermal dewatering of brown coal and catalytic hydrothermal gasification of the organic compounds dissolving in the water using a novel Ni/carbon catalyst[J]. Fuel,2004,83:719-725.

[75] MURSITO A T, HIRAJIMA T, SASAKI K. Upgrading and dewatering of raw tropical peat by hydrothermal treatment[J]. Fuel, 2010,89:635-641.

[76] NONAKA M, HIRAJIMA T, SASAKI K. Upgrading of low rank coal and woody biomass mixture by hydrothermal treatment[J]. Fuel,2011,90:2578-2584.

[77] ZHANG Y, WU J, WANG Y, et al. Effect of hydrothermal dewatering on the physico-chemical structure and surface properties of Shengli lignite[J]. Fuel,2016,164:128-133.

[78] KATALAMBULA H, GUPTA R. Low-grade coals: A review of some prospective upgrading technologies[J]. Energy & Fuels,2009, 23:3392-3405.

[79] BUTLER C J, GREEN A M, CHAFFEE A L. MTE water remediation using Loy Yang brown coal as a filter bed adsorbent[J]. Fuel,2008,87:894-904.

[80] SUN B, YU J, TAHMASEBI A, et al. An experimental study on binderless briquetting of Chinese lignite: Effects of briquetting conditions[J]. Fuel Processing Technology,2014,124:243-248.

[81] HAN Y,TAHMASEBI A,YU J,et al. An experimental study on binderless briquetting of low-rank coals[J]. Chemical Engineering &

Technology,2013,36:749-756.

[82] MANGENA S J,DU CANN V M. Binderless briquetting of some selected South African prime coking, blend coking and weathered bituminous coals and the effect of coal properties on binderless briquetting[J]. International Journal of Coal Geology, 2007, 71: 303-312.

[83] PATIL D P,TAULBEE D,PAREKH B K,et al. Briquetting of coal fines and sawdust-effect of particle-size distribution[J]. International Journal of Coal Preparation and Utilization,2009,29:251-264.

[84] TAULBEE D, PATIL D P, HONAKER R Q, et al. Briquetting of coal fines and sawdust Part Ⅰ:binder and briquetting-parameters evaluations[J]. International Journal of Coal Preparation and Utilization,2009,29:1-22.

[85] BEKER U G, KUCUKBAYRAK S. Briquetting of Istanbul-Kemerburgaz lignite of Turkey[J]. Fuel Processing Technology, 1996,47:111-118.

[86] YILDIRIM M, OZBAYOGLU G. Briquetting of Tuncbilek lignite fines by using ammonium nitrohumate as a binder[J]. Mineral Processing and Extractive Metallurgy,2004,113:13-18.

[87] 余江龙,ARASH TAHMASEBI,李先春,等.褐煤干燥提质和无粘结剂成型技术的研究现状及进展[J].洁净煤技术,2012,2:35-38.

[88] ZHANG X,XU D,XU Z. The effect of different treatment conditions on biomass binder preparation for lignite briquette[J]. Fuel Processing Technology,2001,73:185-196.

[89] BENK A. Utilisation of the binders prepared from coal tar pitch and phenolic resins for the production metallurgical quality briquettes from coke breeze and the study of their high temperature carbonization behaviour[J]. Fuel Processing Technology,2010,91: 1152-1161.

[90] PAUL S A,HULL A S,PLANCHER H,et al. Use of asphalts for formcoke briquettes[J]. Fuel Processing Technology, 2002, 76: 211-230.

[91] BLESA M J, MIRANDA J L, IZQUIERDO M T, et al. Curing temperature effect on mechanical strength of smokeless fuel

briquettes prepared with molasses[J]. Fuel,2003,82:943-947.

[92] KALIYAN N,MOREY R V. Natural binders and solid bridge type binding mechanisms in briquettes and pellets made from corn stover and switchgrass[J]. Bioresource Technology,2010,101:1082-1090.

[93] YAMAN S,SAHAN M,HAYKIRI-AC MA H,et al. Fuel briquettes from biomass-lignite blends[J]. Fuel Processing Technology,2001,72(1):1-8.

[94] GUNNINK B,ZHUOXIONG L. Compaction of binderless coal for coal log pipelines[J]. Fuel Processing Technology,1994,37:237-254.

[95] ELLISON G,STANMORE B R. High strength binderless brown coal briquettes part I. Production and properties[J]. Fuel Processing Technology,1981,4:277-289.

[96] ELLISON G,STANMORE B R. High strength binderless brown coal briquettes part II. An investigation into bonding [J]. Fuel Processing Technology,1981,4:291-304.

[97] PLANCHER H,AGARWAL P K,SEVERNS R. Improving form coke briquette strength[J]. Fuel Processing Technology,2002,7:83-92.

[98] MANGENA S J,DE KORTE G J,MCCRINDLE R I,et al. The amenability of some Witbank bituminous ultra fine coals to binderless briquetting[J]. Fuel Processing Technology,2004,85:1647-1662.

[99] KINOSHITA S, YAMAMOTO S, DEGUCHI T, et al. Demonstration of upgraded brown coal（UBC）process by 600 t/d plant[J]. Kobelco Technology Review,2010,29:93-98.

[100] KPOXHH B H. 褐煤无粘结剂成型的理论基础[J]. 煤炭加工与综合利用,1988,2:53-58.

[101] 王越,白向飞. 粉煤成型机理研究进展[J]. 洁净煤技术,2014,29:8-11.

[102] 赵玉兰,常鸿雁,吉登高,等. 粉煤成型机理研究进展[J]. 煤炭转化,2001,3:12-14.

[103] ROUQUEROL J, AVNIR D, FAIRBRIDGE C W, et al. Recommendations for the characterization of porous solids（Technical Report)[J]. Pure and Applied Chemistry,1994,66:1739-1758.

[104] SCHAFER H. Determination of the total acidity of low-rank coals [J]. Fuel,1970,49:271-280.

[105] ALLARDICE D J,CLEMOW L M,JACKSON W R. Determination of the acid distribution and total acidity of low-rank coals and coal-derived materials by an improved barium exchange technique[J]. Fuel,2003,82:35-40.

[106] SCHAFER H N S. Carboxyl groups and ion exchange in low-rank coals[J]. Fuel,1970,49:197-213.

[107] SCHAFER H N S. Determination of carboxyl groups in low-rank coals[J]. Fuel,1984,63:723-726.

[108] SCHAFER H N S, WORNAT M J. Determination of carboxyl groups in Yallourn brown coal[J]. Fuel,1990,69:1456-1458.

[109] QIU X, ZHOU M, YANG D, et al. Evaluation of sulphonated acetone-formaldehyde (SAF) used in coal water slurries prepared from different coals[J]. Fuel,2007,86:1439-1445.

[110] RADOVI L R,WALKER P L,JENKINS R G. Importance of carbon active sites in the gasification of coal chars[J]. Fuel, 1983, 62: 849-856.

[111] SAIKIA B K, BORUAH R K, GOGOI P K, et al. A thermal investigation on coals from Assam (India) [J]. Fuel Processing Technology,2009,90:196-203.

[112] DACK S W, HOBDAY M D, SMITH T D, et al. Free-radical involvement in the drying and oxidation of Victorian brown coal [J]. Fuel,1984,63:39-42.

[113] TAHMASEBI A,YU J,HAN Y,et al. Study of chemical structure changes of Chinese lignite upon drying in superheated steam, microwave,and hot air[J]. Energy & Fuels,2012,26:3651-3660.

[114] MAHIDIN,OGAKI Y,USUI H,et al. The advantages of vacuum-treatment in the thermal upgrading of low-rank coals on the improvement of dewatering and devolatilization[J]. Fuel Processing Technology,2003,84:147-160.

[115] OREM W H,NEUZIL S G,LERCH H E,et al. Experimental early-stage coalification of a peat sample and a peatified wood sample from Indonesia[J]. Organic Geochemistry,1996,24:111-125.

[116] WALKER R,MASTALERZ M. Functional group and individual maceral chemistry of high volatile bituminous coals from southern Indiana:Controls on coking [J]. International Journal of Coal Geology,2004,58:181-191.

[117] NISHINO J. Adsorption of water vapor and carbon dioxide at carboxylic functional groups on the surface of coal[J]. Fuel,2001, 80:757-764.

[118] KAJI R,MURANAKA Y,OTSUKA K,et al. Water absorption by coals:Effects of pore structure and surface oxygen[J]. Fuel,1986, 65:288-291.

[119] 施斌,姜洪涛,邵莉,等. 速率过程理论在粘性土蠕变模拟中的应用 [J]. 水利学报,2002,11:66-73.

[120] 张青哲. 土基振动压实系统模型与参数研究[D]. 西安:长安大 学,2010.

[121] 张中华,王莉. 振动压路机最佳压实频率研究[J]. 建设机械技术与管 理,2012,3:119-122.

[122] TENG Y,LI X,MA H,et al. Study on vibration friction mechanism and vibration response analysis based on vibration compaction system[J]. Applied Mechanics and Materials,2009,16-19:84-87.

[123] KÜÇÜK A, KADIOGLU Y, GÜLABOGLU M Ş. A study of spontaneous combustion characteristics of a turkish lignite:Particle size,moisture of coal,humidity of air[J]. Combustion and Flame, 2003,133:255-261.

[124] KADIOGLU Y,VARAMAZ M. The effect of moisture content and air-drying on spontaneous combustion characteristics of two Turkish lignites[a][J]. Fuel,2003,82:1685-1693.

[125] FEI Y,AZIZ A A,NASIR S,et al. The spontaneous combustion behavior of some low rank coals and a range of dried products[J]. Fuel,2009,88:1650-1655.

[126] 李先春. 褐煤提质及其燃烧行为特性的研究[D]. 大连:大连理工大 学,2011.

[127] BENK A,COBAN A. Investigation of resole,novalac and coal tar pitch blended binder for the production of metallurgical quality formed coke briquettes from coke breeze and anthracite[J]. Fuel

Processing Technology,2011,92:631-638.

[128] MACHNIKOWSKI J,KACZMARSKA H,GERUS-PIASECKA I, et al. Structural modification of coal-tar pitch fractions during mild oxidation-relevance to carbonization behavior[J]. Carbon,2002,40: 1937-1947.

[129] RICHARDS S R. Physical testing of fuel briquettes [J]. Fuel Processing Technology,1990,25:89-100.

[130] 刘方春,邢尚军,刘春生,等.无机酸处理对褐煤腐殖酸含量及特性的影响[J].水土保持学报,2004,5:31-34.

[131] 席维实.云南部分褐煤、风化煤及泥炭中腐植酸含量概况[J].中国煤田地质,1983,1:192-93.

[132] BLESA M J,FIERRO V,MIRANDA J L, et al. Effect of the pyrolysis process on the physicochemical and mechanical properties of smokeless fuel briquettes[J]. Fuel Processing Technology,2001, 74:1-17.

[133] YILDIRIM M,OZBAYOGLU G. Environmentally sound coal-derived binder for coal briquetting[J]. Coal Preparation,2010,22: 269-276.

[134] YILDIRIM M, OZBAYOGLU G. Production of ammonium nitrohumate from Elbistan lignite and its use as a coal binder[J]. Fuel,1997,76:385-389.

[135] 张钊,周霞萍,王杰.复合碱型腐植酸型煤粘结剂的特性研究[J].洁净煤技术,2011,1:37-40.

[136] 吕向前,刘炯天.浮选精煤中水的存在形式与脱除[J].煤炭技术, 2005,24:47-49.

[137] 谢可昌.煤的结构与反应性[M].北京:科学出版社,2002.

[138] 张双全.煤化学[M].徐州:中国矿业大学出版社,2009.

[139] 周永刚,李培,杨建国,等.褐煤中不同水分析出的能耗研究[J].中国电机工程学报,2011,31:114-118.

[140] 李松林,王正烈,周亚平.物理化学下册[M].北京:高等教育出版社,2001.

[141] ALLARDICE D J,CLEMOW L M,FAVAS G, et al. The characterisation of different forms of water in low rank coals and some hydrothermally dried products[J]. Fuel,2003,82:661-667.

[142] GUTIERREZ-RODRIGUEZ J A, PURCELL R J, APLAN F F. Estimating the hydrophobicity of coal[J]. Colloids and Surfaces, 1984,12:1-25.

[143] MURATA S, HOSOKAWA M, KIDENA K, et al. Analysis of oxygen-functional groups in brown coals [J]. Fuel Processing Technology,2000,67:231-243.

[144] ALLARDICE D J. The water in brown coal [D]. Melbourne: University of Melbourne,1968.

[145] 邓永锋,刘松玉,章定文,等. 几种孔隙比与渗透系数关系的对比[J]. 西北地震学报,2011,33:64-66.

[146] TAYLOR W D. Fundamentals of soil mechanics[M]. New York: John Wiley and Sons Inc,1948.

[147] 杨人凤. 冲击与振动复合压实技术的研究[D]. 西安:长安大学,2003.

[148] SCHOLES O N. Mechanical thermal expression dewatering of lignite:Directional dewatering and permeability characteristics[D]. Melbourne:Monash University,2005.